Green Project Management

绿色项目管理

[美] Richard Maltzman

[美] David Shirley

著

黄建文　王兴霞　肖海　王宇峰　译

U0397578

中国水利水电出版社

www.waterpub.com.cn

·北京·

北京市版权局著作权合同登记号：图字 01-2022-2974

Green Project Management/by Richard Maltzman，David Shirley/ISBN 978-1-439-83001-7

Copyright © 2011 Taylor & Francis Group, LLC.

图书在版编目（CIP）数据

```
绿色项目管理 /（美）理查德·马尔茨曼
(Richard Maltzman)，（美）大卫·雪利
(David Shirley) 著；黄建文等译. -- 北京：中国水
利水电出版社，2021.10
  书名原文: Green Project Management
  ISBN 978-7-5226-0112-0

  Ⅰ.①绿… Ⅱ.①理… ②大… ③黄… Ⅲ.①建筑工
程—项目管理 Ⅳ.①TU71
```

中国版本图书馆CIP数据核字(2021)第209444号

审图号：GS（2021）6833号

书　　名	**绿色项目管理** LÜSE XIANGMU GUANLI	
原书名	Green Project Management	
作　　者	［美］Richard Maltzman　　［美］David Shirley　著	
译　　者	黄建文　王兴霞　肖　海　王宇峰　译	
出版发行	中国水利水电出版社 （北京市海淀区玉渊潭南路1号D座　100038） 网址：www.waterpub.com.cn E-mail：sales@mwr.gov.cn 电话：(010) 68545888（营销中心）	
经　　售	北京科水图书销售有限公司 电话：(010) 68545874、63202643 全国各地新华书店和相关出版物销售网点	
排　　版	中国水利水电出版社微机排版中心	
印　　刷	清淞永业（天津）印刷有限公司	
规　　格	170mm×240mm　16开本　13印张　248千字	
版　　次	2021年10月第1版　2021年10月第1次印刷	
印　　数	0001—1500册	
定　　价	**80.00元**	

译 者 序

随着人类社会物质文明的丰富和经济的飞速发展，全球性的资源危机和环境问题浮出水面，特别是当前存在的资源储量减少、环境恶化、自然资源遭受破坏等问题，正是摆在全球人类面前的共性问题。面对日益严峻的资源和环境问题，可持续发展已成为时代的主流和呼唤。进入21世纪以来，人们的环保意识不断增强，消费者对无污染、无公害"绿色"产品的需求不断增强，企业努力推行"绿色管理"，政府也致力于制定健全和科学的环保法规。在这样的社会背景下，发展绿色建筑，实施绿色施工，开展绿色项目管理，形成绿色产业，就成为必然发展趋势。

随着社会的发展和变迁，项目管理的内涵在拓展，项目管理者的视角也需不断延伸，不应仅仅只关心项目管理四要素（范围、时间、质量、成本），还需考虑项目管理过程中的生态、社会和资源消耗问题。传统的项目管理与绿色项目管理有何不同？如何才能将可持续理念和"绿色"理念贯穿于项目管理的整个生命周期？如何建立切实可行的绿色项目管理框架和体系？如何实现对绿色施工全过程的动态管理并保证其实施效果？如何评估项目管理的可持续性（绿色度）？这些都是政府、建设单位、施工企业及监理方等项目管理相关方亟待解决的问题，也是绿色项目管理需要解决的关键难题。

传统的项目管理一般将利益作为主要追求目标，绿色项目管理则需要重点考虑项目的资源消耗和对环境的影响。绿色项目管理就是根据可持续发展的要求，将"绿色"理念融入到了传统项目管理之中，将"绿色"作为项目管理工作的核心，使"绿色"在每一个环节中充分发挥效力，从而更好地实现各部门工作的协调和统一，确保项目能够与自然环境协调发展，并且保证可以正常完成项目管理的目标。绿色项目管理不仅要考虑项目的经济效益和社会效益，同时还要考虑环境效益，要注重项目全寿命周期管理，"绿色"理念要贯穿于项目的立项、构思、规划、施工、交付、运营及拆除等各个环节，从而真正做到避免资源浪费，有效保护环境。在探索可持续发展的道路上，绿色项目管理的推广和实施必定阻力重重，但一定会是当今时代的主流。

本书内容主要包括四个部分：第一部分——顺应绿色浪潮，包括前 4 章，主要介绍了绿色项目管理的问题缘由和指标、绿色项目术语、绿色项目的类型等内容；第二部分——实施绿色项目，包括第 5～8 章，重点从项目构思、项目开发、项目执行和项目监测与控制 4 个方面详细介绍了绿色项目管理的实施过程；第三部分——接近终点线，包括第 9～12 章，主要从项目生命周期绿色管理、精益管理、各行业绿色项目管理的执行、实施绿色项目管理的优惠政策等方面进行了讲解；第四部分——跨越终点线，包括第 13 章、第 14 章，为读者总结了绿色项目管理实施过程中所用到的工具、技术和技巧，并提供了参考资源信息。

参加本书翻译的人员有：黄建文、肖海（前言、致谢、作者简介、绪论、第一部分、第二部分），王兴霞、王宇峰（第三部分、第四部分）；研究生赵可欣、熊鑫、柏少哲、陈梦媛、姚茜、陈萌、郭松林、宁武霆、王琼、陈莉、王亚珂、李丽芳、田东伟、李飞翔、吴智明等参与了部分文稿的整理、校对、修订工作。

本书的出版得到了三峡大学学科建设项目、三峡大学研究生课程建设项目（SDKC201902）、水电工程施工与管理湖北省重点实验室开放基金项目（2019KSD03、2020KSD14）和国家自然科学基金面上项目（51879147、52009069）的资助，中国水利水电出版社对本书的出版也给予了大力支持，在此一并表示诚挚的谢意！

黄建文 于三峡大学

jwhuang@ctgu.edu.cn

2020 年 8 月

前　言

非常荣幸能够为《绿色项目管理》撰写前言，我的大部分职业生涯都是在政府部门从事环境可持续发展领域方面的工作，非常高兴能够看到这本书的出版，它为项目经理在公司内部及整个社会推进可持续发展议程方面提供了有益的指导。

自20世纪50年代以来，项目管理一直是一个被正式认可的行业。通常成功的项目管理意味着在预算限制范围内按时交付产品或服务，以最佳方式使用资源（人员和材料），并满足客户（和老板）的需求。随着人们对可持续发展的日益关注以及对环境问题（特别是全球气候变化）全面认识的日益增长，绿色环保的魅力正在鼓舞项目经理将环境目标纳入其工作范围。如今，对于企业和个人如何实施绿色环保的建议随处可见。

根据"1990年污染防治法（Pollution Prevention Act of 1990）"，美国国会将污染防治确定为"国家目标"，并作为环境管理体系中最重要的组成部分。美国环境保护局（Environmental Protection Agency，EPA）将污染防治（Pollution Prevention，P2）定义为"通过修改生产工艺促进无毒或低毒物质的使用，实施保护技术和重复利用材料（而不是将其放入废物流）来减少或消除源头上的废物"。由于国家政策鼓励，在生产周期中应尽可能防止和减少潜在污染物的产生，因此环境保护局一直提倡采用绿色制造。通过努力，美国着手建立了一个网络，帮助促进和实施污染防治（欧洲和其他地方的清洁生产）。经过多年的管道末端污染治理和污染的事后处理，环境保护局目前的工作原则是：防止污染比简单地将污染物从空气中转移到水中、陆地上更环保，更经济，更智能。

环境保护局多年来制定的指导方针中并没有经常使用绿色项目管理（GPM）一词来帮助工业界（主要针对中小型企业）如何识别污染防治机会并采取行动。然而，在污染防治计划中的许多工作（比如绿色化工、绿色工程、绿色产品、绿色供应链等）都与绿色项目管理直接相关，相关信息可以参阅环境保护局的污染防治网站。

成功的污染防治计划往往取决于一个人是否接受绿色挑战并将污染

防治的相关信息传承下来。要想在公司内部成功实施污染防治计划，必须要有这样一批坚定的"拥护者"。通常，项目经理完全可以充当这种变化的代表，因为任何项目都充满了变化。绿色项目管理不仅是关心"我们做什么"，它也需要关注"谁来做"的问题。因此，项目经理就是这种变化的重要代表。

每个人都在谈论绿色环保。从表面上看，这似乎是一件容易做的事情，但是让传统的项目管理方法"绿色化"到底意味着什么呢？它主要涉及改变我们对项目思考的问题。在绿色项目管理的模式下，我们需要在整个项目中全方位考虑绿色环保问题，并且在考虑项目对环境影响的情况下做出相关决策。同时，应该将环境目标纳入项目规划和管理，并通过多种活动来实现环境目标，这些活动又涉及多种方法和一系列行动方案。近年来，绿色运动的兴起催生了绿色项目管理，让环保标准与项目管理方法流程有效结合起来。通常，绿色项目管理由组织的环境管理体系（Environmental Management System，EMS）指导，并考虑责任、权限、程序和资源等各种运营要素。

由于绿色项目管理仍处于相对初级阶段，学习和发展的机会很多，也会产生很多误用的可能。"漂绿"是 20 世纪 80 年代创造的一个术语，用来形容一种误导或欺骗性的做法，即在活动中"伪装"使它们看起来对环境有益，实际上却并非如此，仅仅为了提高增加利润的潜力。我们在认识简单的绿色活动和漂绿方面的工作上取得了缓慢的进展，而《绿色项目管理》这本书将让我们有着更深远的认识，其目的是从以下几个方面帮助项目经理：

- 理解真正的绿色意味着什么
- 发现绿色项目管理的道德基础
- 了解如何协调环境目标和利润目标之间的关系
- 学习实施绿色项目管理的步骤
- 识别有用的工具和技术

案例研究是更令人信服的转变人们思维的方式（人类与生俱来就善于讲故事）。《绿色项目管理》这本书包含大量的案例研究和例证，以表明成功的公司和组织如何有效地实现绿色项目管理。这些案例放在一起，能指导我们如何针对实际工程一步一步地进行绿色项目管理。

项目经理必须学会如何在其产品和服务的整个生命周期中考虑广泛

的潜在影响（能源和气候，自然和资源，物质效率，人员和社区）。以苹果公司的新 iPad 为例，苹果公司的环境计划考虑了产品从概念产生到报废全生命周期影响。他们制定的环境目标包括：减少对气候变化的贡献、减少有毒物质的使用、有效利用能源和材料以及生命周期结束后的循环利用。那么，iPad 的绿色程度到底如何呢？苹果公司首席执行官史蒂夫·乔布斯（Steve Jobs）表示：iPad 是无砷、无溴化阻燃剂（BFR）、无汞、无氯乙烯（PVC）且高度可回收利用的。

绿色项目管理的发展取决于能否成功应对未来的挑战。展望未来，在我们制造和销售的许多产品进行重大转变时，生物技术和纳米技术提供了多重优势。但它们也预示着新的环境问题需要有新的思考和新的解决方案。随着这些领域的发展，绿色项目管理将成为必不可少的要素。

绿色项目管理是可持续发展议程的重要组成部分。我们每天所做的选择影响着我们现在和未来的环境。请谨记，绿色项目管理是关于地球、项目、利润和人的研究。

Mary Ann Curran 博士
生命周期评估研究项目经理
美国环境保护局
俄亥俄州辛辛那提市

致　谢

　　我要感谢我的宠物狗 Murphy，它经常陪我外出散步，风雨无阻。正是在缅因州内德迪克（Cape Neddick）海滩散步的时候，我有了一些非常好的想法。我要感谢西新英格兰学院（Western New England College，前身是新英格兰学院——New England College）的 Rick Keating 博士及北艾塞克斯社区学院（Northern Essex Community College）的 Diane Zold-Eisenberg 博士，让我可以把我的项目管理经验带入课堂。我要感谢我的合作者 Richard Maltzman，是他的创造力和"我们一起做点什么"的建议，才能使我们这本著作得以出版（使我们所做的一切像滚雪球一样慢慢滚下山最终变成了雪崩）。感谢我的父母和姐姐，他们给了我很多鼓励，我无时无刻不在想念他们并且我也知道他们一直在关注着我。最后要感谢我的妻子 Judi，没有她的支持，我可能一事无成。

David Shirley

　　我衷心感谢我的家人——我最好的朋友和忠诚的妻子 Ellen，还有了不起的孩子们，Sarah 和 Daniel，感谢他们的支持、鼓励、欢笑、刺激、信心、好奇心和耐心。感谢我的妈妈、爸爸、姐姐、亲人和朋友们。没有你们的支持和帮助，我就不可能取得现在的成就。还要感谢项目管理行业的同事、学生、老板和员工们，我从你们那里学到了很多东西，并且还有很多东西需要继续向你们学习和请教。我要感谢我的合作者 David Shirley，他让我偶尔（经常）奇怪的想法更加有条理，并且一直努力和我一起想办法。另外，像 David 一样，我也要感谢我的狗 Buddy，它会定期和我沟通和交流，它会带我走出家门享受美好的散步，它还常常满怀期待地等着邮递员给它带来新的乐趣。

Richard Maltzman

　　两位作者还要感谢美国环境保护局的 Mary Ann Curran 博士，她以其深厚的技术知识帮助我们对生命周期评估部分的内容进行了扩充和完善。对于帮助这本书出版的其他人来说，我们不仅感谢你们为我们付出的时间，更要感谢你们为这本书提出了宝贵的建议。我们要感谢高级编辑 John Wyzalek，他为我们提供了撰写这个非常重要的选题的机会；感谢项目协调员 Amy Blalock，她协助我们完成手稿；还要感谢我们的出版单位 CRC Press（Taylor & Francis 公司）的相关人员。一路走来，他们一直在帮助我们。

作 者 简 介

    Richard Maltzman 是美国国家注册工程管理协会的一员，自 1978 年起担任工程师，1988 年开始担任项目管理主管（最近在荷兰的一项为期两年的任务，他建立了一个负责监督欧洲和中东电信网络部署的 PM 团队）。他负责的项目工作涉及面很广，例如 1996 年亚特兰大夏季奥运会整个影像和电信系统基础设施的成功部署，以及 2006 年两家大型合并企业的项目管理办公室（PMO）的整合。作为第二职业（与第一职业紧密联系），Richard 还专注于咨询服务和教学，他执教于以下机构：

- 波士顿大学企业教育中心（Boston University's Corporate Education Center）
- 梅里马克学院（Merrimack College）
- 北埃塞克斯社区学院
- 马萨诸塞大学洛厄尔分校（University of Massachusetts – Lowell）

    Richard 制作了项目管理专业人士资格认证（Project Management Professional，PMP）考试备考课件和考试教材。他甚至还编辑并录制了一套（八张）音频 CD，这是一个国际公司项目管理专业人士资格认证准备课程的重要组成部分，也为项目管理专业人士资格认证考试研究组提供了便利。Richard 还入选了项目管理协会（Project Management Institute，PMI）于 2008 年出版的第四版《PMBOK 指南》的建模团队，并为质量和风险的相关章节做出了贡献。

    最近，Richard 出席了两个国际会议——在得克萨斯州圣安东尼奥的 PMO 研讨会和在佛罗里达州椰林举行的 PMO 峰会，两个会议的主题均为"项目经理的发展框架"。

    目前，Richard 作为高级经理，在一个重要的电信公司全球项目管理办公室进行职业学习和深造。

　　Richard 的教育背景包括马萨诸塞大学阿默斯特分校（University of Massachusetts‐Amherst）的电子工程学士学位（BSEE）和普渡大学（Purdue University）的工业工程科学硕士学位（MSIE）。此外，Richard 拥有宾夕法尼亚大学沃顿商学院（University of Pennsylvania's Wharton School）的工商管理硕士学位（MBA），以及由印第安纳大学凯利商学院（Indiana University's Kelley School of Business）和法国欧洲工商管理学院（INSEAD）联合颁发的国际商业管理硕士证书。在项目管理方面，Richard 于 1999 年获得史蒂文斯研究院（Stevens Institute）的硕士证书，于 2000 年获得了项目管理专业人士资格认证。他曾在荷兰赫伊曾（Huizen，the Netherlands）、墨西哥城（Mexico City）、加利福尼亚长滩（Long Beach，California）等地举办的会议上发表过关于项目管理的学术论文。

　　Richard 目前与 Ranjit Biswas（项目管理师）共同创作了一本名为《项目策划者》（The Fiddler on the Project）的书，其中的一部分正在通过维基网站在网上合作撰写，并定期在他的博客上发布。

　　David Shirley 曾担任讲师和顾问，并在企业、公共部门以及小型企业领域拥有 30 多年的管理和项目管理的经验。

　　作为新英格兰学院研究生院的一员，他推动了医疗保健项目管理的发展并从事其教学。作为健康管理专业（Healthcare Administration）和项目管理和组织领导专业（Project Management and Organizational Leadership）的管理学硕士（Master's of Management，MoM），他在过去的七年中曾在医院、企业以及线上和校园内教授项目管理课程。他还在马萨诸塞州黑弗里尔（Haverhill，Massachusetts）的北埃塞克斯社区学院开发、指导和教授项目管理认证课程。David 是 Action For Results 公司的高级讲师和顾问，同时也是 ESI International 公司的高级讲师，这两家公司都是行业内比较优秀的项目管理教育和培训公司。他也是南新罕布什尔大学（Southern New Hampshire University）的兼职教授，讲授企业社会责任方面的课程。

作为美国电话电报公司（American Telephone and Telegraph，AT&T）和朗讯科技贝尔实验室（Lucent Technologies Bell Laboratories）一名杰出的技术人员，David主要负责管理第一批光波传输产品，并负责多项质量工作。他还是康涅狄格州的AT&T公司首次光纤到户工程的项目经理，也是朗讯科技的项目管理总监，负责管理几家大型电信公司的设备部署。David在发展、领导和管理团队方面拥有丰富的经验。

David的教育背景包括佛蒙特州普特尼（Putney，Vermont）的温德姆学院（Windham College）的地质学专业学士学位以及新泽西州朗布兰奇市（Long Branch，New Jersey）的蒙茅斯大学（Monmouth University）的荣誉工商管理硕士学位。他同时还拥有新泽西州霍博肯（Hoboken，New Jersey）的史蒂文斯理工学院（Stevens Institute of Technology）和华盛顿特区（Washington，DC）美国大学（American University）的项目管理专业硕士证书，并取得项目管理协会认证的项目管理师。

目　　录

第一部分　顺 应 绿 色 浪 潮

第三部分　接近终点线

第四部分　跨 越 终 点 线

绪　　论

　　近年来，企业开始明白绿色的重要性（至少知道绿色有助于销售产品和服务）。最近，作者在捷蓝（Jet Blue）航空公司在线预订了一张机票。在购买快结束的时候出现了一个选项：我们是否想要通过购买碳信用来抵消我们在旅途中消耗的碳？这仅仅只需要几美元。所以，即便是一家标有"蓝色"品牌的航空公司也在表明它是绿色的。

　　我们知道，企业已经开始意识到绿色的价值，这与人们日益增长的"绿色浪潮"意识是一致的。事实上，当前有很多关于绿色业务的讨论，但是关于绿色项目、绿色项目管理和绿色项目经理的讨论却很少，这对我们来说很有趣，因为我们把项目看作是企业的"业务端"。毕竟，企业理念要通过项目得以实现。根据项目的定义，项目是需要消耗资源的。因此，项目应该成为绿色企业关注的一个重要领域。

　　我们决定尝试弥补对绿色项目管理所缺乏的关注，并集中精力去研究，提议将绿色业务作为项目管理业务的缩影，整合到这本关于绿色项目管理的书中。

　　在我们撰写本书的过程中，发现自己的词汇实在太单一。我们需要一个词来表达一个项目的绿色，或者是生态友好，或者是环保效率，或者是地球意识等含义，而不是使用那些听起来很笨拙的连字符单词。根据我们在项目管理培训和质量方面的经验积累，我们决定用"greenality（绿色度）"这个词来表达自己的意思。单词"quality"以同样的方式结尾，这并不是巧合。Greenality，像质量或粒度，是可以按比例来衡量的。在这本书中，我们将在"greenality"和"quality"之间做一些比较，结果发现它们有着惊人的相似之处。我们通过下面的方式来定义 greenality："在整个项目生命周期内，一个组织考虑环境（绿色）因素对其项目造成影响的程度。"它包含两个项目管理过程：①制订一个计划，使项目对环境的影响最小化（包括努力使项目运行简单、快速、高效）；②对项目产品的环境影响进行监测和控制。

　　在本书中，我们将使用"greenality"这个术语来定义绿色度的等级，它可以应用于不同的项目阶段（启动、计划、执行、监测与控制、结束）。

　　根据这本书的研究和我们数十年的项目经验，我们意识到"绿化一个项目"不仅仅只是为了保护环境（并非指这不是一种高尚的行为）。从数百个运营的项目中我们知道一个在绿色度方面得分高的项目，将会是一个快速而且高效的项目——节约资源（意味着省钱）。一个具有较高的绿色度得分的项目有利于项目最终盈利。

正如《绿色商业》的作者 Gil Friend 所说，"你不必在赚钱和做有意义的事之间做出选择"[1]。在这本书中，我们将探索必要的进程，促使组织和它的项目具有更高的绿色度，并展示高绿色度得分将如何积极地影响项目最终盈利。我们将会看到"绿色的彩虹"（指各种不同类型的项目），也就是那些旨在保护或生产能源的项目，这些项目对环境具有直接影响，或者这些项目的产品会对环境产生影响，等等，因为这些项目都具有绿色元素。我们还会探讨"可持续性发展的周期"，并给出不同周期的定义。

我们还将研究不同行业绿色度获得高得分的最佳方法和标准，包括使用度量标准和基准来实现这个目标。我们将定义绿色项目管理过程，以帮助您完成输入、使用工具、技术和输出，并指导您如何应用这些流程。我们将提供事实、趋势和对行业"绿色度领袖"的采访，以帮助您获得更高的绿色度得分。我们将帮助您的组织"通过环境的视角"看待您的项目（如 Esty 和 Winston 所表述的）[2]。这自然会涉及到如何提高单个项目经理的绿色度。

最后，我们将通过拨款、折扣和税收抵免来定义一些获取绿色（现金）的方法，利用"绿色浪潮"的优势，并且寻找环保产品的来源，为在该领域展示知识和技能的项目经理提供个人认证的路线图。

在开始写这本书的时候，我们不禁要说出我们的观点，也可以称它们为指导原则，它们构成了这本书的愿景和使命，这些观点包括如下内容。

（1）怀有绿色环保理念去运行项目是一件有价值的事情，同时它也会帮助项目团队去做有价值的事情。

（2）项目经理必须首先了解项目的绿色环保方面，这会使他们更好地辨别、处理和应对项目风险。

（3）项目的环境保护战略为项目以及项目产品的成功提供了更多的机会。

（4）项目经理必须从环境保护的角度去审视他们的项目。这促进了项目经理（以及项目团队）对项目的长远思考，并促进了环保主义"绿色浪潮"的兴起。

（5）项目经理必须用他们对待质量那样的态度去对待环境。环境目标一定要纳入项目计划，损害"绿色度"就等同于损害产品质量，造成的不良后果是无法通过节约和提供机会所能抵消的。

我们可能并不明白，项目经理一直都是提倡绿色（环保）的，其实我们一直努力降低成本，增加价值，保护稀缺资源，这些都是所谓的绿色。在我们看来，完成这些高尚的项目管理目标的所有过程都是分散的，恰巧都错过了绿色标签。事实上，就像我们主张的那样，有时候我们如果从环境视角来考虑，其实节约资源不仅是项目管理（PM）的目标，同时也是一种绿色目标。

曾经有一段时间，项目管理被称为"临时的职业"，因为一开始并不是像现在这样称为"项目经理"。这并不意味着我们没有管理项目，因为那正是我们所做的。然而，在项目管理协会等机构的帮助下，项目管理的业务领域、工作准则已经合法化。项目管理的发展已经得到了组织的认可，并继续以指数级的方式发展成为一个经过验证、令人振奋的职业。通过一系列的精心设计和整合过程，我们认为作为项目管理可以从"临时绿色项目经理"转变为能够理解项目的绿色部分并从环境视角看待项目的专业的绿色项目经理。

参 考 文 献

［1］ Gil Friend，with Nicholas Kordesch and Benjamin Privitt，*The Truth About Green Business*. （Upper Saddle River，NJ：FT Press，2009），on the cover.
［2］ Daniel C. Esty，and Andrew S，Winston，*Green to Gold*，（Hoboken，NJ：John Wiley & Sons，2009），pg. 3.

第一部分

顺 应 绿 色 浪 潮

You're not a wave, you're a part of the ocean.
每一朵浪花都不是孤立的，它是大海的一部分。

Mitch Albom

第1章　问题缘由和指标

1.1　气候变化

1988 年，由联合国环境规划署（United Nations Environment Programme）和联合国世界气象组织（United Nations World Meteorological Organization）牵头，共同成立了联合国政府间气候变化专门委员会（Intergovernmental Panel on Climate Change，IPCC），该组织汇集了世界顶尖的科学家、经济学家和其他专家，综合了有关气候变化研究的同行评议的科学文献，并对当前气候变化的认识现状进行了权威评估。

一系列的关于气候变化的消息可以在新闻、广播，以及我们将讨论的问题中获得，这是最有可能推动组织走向"绿色"或至少可以传递绿色信息。在大多数情况下，我们必须承认项目经理是一个非常实用的职务。虽然项目管理既是一门艺术，又是一门科学，但是大部分项目管理依靠"科学部分"和我们的左脑。以净值管理为例，它以数学原理为基础，利用比率计算一个项目在进度和预算上提前、落后或符合要求。作为项目经理，我们渴求那些使混乱的项目变得有序的方法。尽管这样，也许正因为此，即使是最多疑的左脑思考者都应该能够认识到全球变暖的事实。全球变暖的真正原因是什么可能存在很大争论，但是 IPCC 第四次评估报告（2007）[1]中首先回答的问题是"全球气候是否有一个显著的变化"，其次要回答的问题是"气候为什么发生变化？"。相比于全球变暖，国家科学院（National Academy of Sciences）更喜欢气候变化这个词。相比于简单的变暖效应对地球的影响，气候条件变化具有一个更广泛的含义。它指的是"在持续很长的一段时间内，任何明显的气候变化"[2]，换言之，气候变化意味着"温度、降雨、降雪或风模式持续几十年或更长的时间的主要变化"[3]。

全球气温记录显示 20 世纪平均气温上升了 1.3℉。根据国家海洋和大气管理局（National Oceanic and Atmospheric Administration，NOAA）的资料，最热的 8 年中有 7 年发生在 2001 年以后。过去 30 年全球变暖速度大约是过去 100 年全球变暖速度的 3 倍。气候信息表明，在北半球过去 1300 年的历史中，21 世纪上半叶的气温变暖非同寻常。

　　气候变化和地球变暖是否是一个更大的周期的一部分？这是一个挥之不去的问题，可以说，经过一段冷却期后，变暖的趋势是更剧烈、更致命的，我们人类应当为此承担责任。IPCC 的科学家们认为从 20 世纪 50 年代以来气候变暖 90％以上可能是由于人类活动导致的温室效应气体排放量的增加引起的。一个由世界各地的数千名科学家组成的科学机构坚信，它不是一个自然循环，而是人为的气候变化，并且将继续发展，除非人们进行干预，作为务实的项目经理，我们可能只需要倾听。即使有潜在的自然变暖趋势（我们也不主张这种情况），人类的行为也使情况更严重。即使我们选择忽视主题专家（SME）的意见，否认气候变化，不管气候变化的原因，猜猜看会发生什么？即使在那之后，我们仍然要注意，因为很多人（绿色浪潮）真的相信，个人和组织需要更加负责任。此外，亲爱的愤世嫉俗的项目经理，这些数量庞大的人是你的客户、分包商、供应商、赞助商，基于他们的信念，他们（喜欢与否）正在改变他们的消费和供应商的选择习惯。你会发现不论你是否同意他们（成千上万的科学家）的意见，真的并不重要。

　　统计数据说明什么？科学家们正在说些什么？2008 年美国国家科学院介绍手册中的"国家科学院报告的重要内容，认识和应对气候变化"告诉我们，"自 20 世纪以来，气温已经上升了 1.4℉，大部分的气候变暖发生在过去的 30 年里，在未来 100 年内，气温很可能会再上升至少 2 华氏度，甚至可能超过 11 华氏度。升温将导致海平面、生态系统、冰层的重大变化以及其他影响。在北极地区，那里的气温几乎升高了全球平均值的近两倍，那里的景观和生态系统已经在迅速发生改变。"[4]

　　美国国家科学院是为了对美国政府和国家提供独立科学技术建议而设立的非政府、非营利组织。国家科学院包括三个荣誉协会——国家科学院、国家工程院（National Academy of Engineering）与医学研究院（Institute of Medicine），每年挑选新的成员加入他们的行列，美国国家科研委员会（National Research Council）是操作臂，指导着很多机构的科学政策和技术工作。科学院汇集了全国顶尖的科学家、工程师和其他专家，他们都自愿花时间研究特定的问题和热点。

　　此外，美国国会（U. S. Congress）还没有通过削减全球变暖污染的法案，这可能是一件好事。最好的办法是基层运动，而不是立法。项目经理，这些把想法转化为现实的人，正好处于基层中。

　　最新一期《飞行渔夫杂志》（*Fly Fisherman Magazine*[5]）中有一篇有趣的文章，这篇文章谈到的话题可能被看作是好消息或坏消息。好消息是在北极圈逐步开放新的渔业成为一种可能。坏消息是新的渔业可能是由于某些特定种类的鱼引起的，例如红鲑和粉红色的太平洋鲑鱼，因为它们产卵的水域在变暖，因此它们需要寻找更冷的水域产卵。

1.2　人口增长

截至 2009 年 7 月，世界人口约为 68 亿人，自 2005 年以来增加了 3.13 亿人。每年增加 7800 万人！假设这一趋势持续下去，预计到 2050 年会达到 91 亿人。就像 Tom Friedman 在《炎热、平坦、拥挤》（*Hot，Flat，and Crowded*）中所说，未来 40 年人口增加的数量相当于 1950 年的地球人口数量！所以在我们的有生之年，地球上将增加相当于另一个地球的人口。那么这部分人口增加到哪儿呢？增加到最容易维持人口增长的国家吗？并不是。很多欠发达国家的人口（图 1.1）每年正在以 2.3% 的最快比率增长，而这些国家最不应维持人口增长。在未来 40 年内随着约 30 亿人口的增加，需要实施重大项目来保证提供基本必需品，如食物、水和住房。创新将成为我们不断萎缩的环境中的规则，而且将是为了保护原本脆弱的环境所需要的绿色创新。项目经理需要熟练地识别这些绿色创新，并在项目中实施它们。

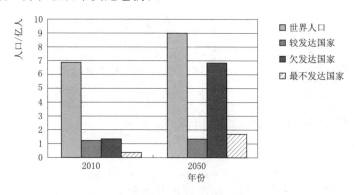

图 1.1　世界人口增长趋势

数据来源：世界人口。来自联合国，世界人口前景：

2008 修订人口数据库，联合国，纽约，2009。

1900 年，世界上只有 13% 的人口居住在城市。到 2050 年，这个数字将增长到 70%，相当于地球每年增加 7 个纽约市。

1.3　国家的快速发展和资源枯竭

随着人口的增长，除了需要提供上文提到的基本需求，人口增长还使可用资源面临压力。与其他国家相比，对于荷兰而言，土地资源更加宝贵，因为这个国家 55％的地方低于海平面。海（可以说是水）总是存在。填补湿地被一些国家认为是对发展来说不太理想的方法。荷兰已经开始采取一种不同的方法，这种方法也正在被用于世界其他地区。该方法不是控制水，而是利用水。根据荷兰 Waterstudios 公司的建筑师 J. Koen Olthuis 的说法，"新水"（Het Nieuwe Water）是荷兰水管理发展的基准项目。创建一个大约有 2.5km×500m 的地区，在该地区人为地保持前洼地的水位（低洼的土地被作为堤坝的路堤封闭），把水位提高到与人胸部平齐的位置。该地区包括 1200 套住宅，它不仅将作为一个区域性应急蓄水区，还将举办许多与水有关的开发项目。"新水"的第一个项目将是被称为城堡的复合式公寓。生态、娱乐、住宅的需求被整合成具有不同主题舱的景观，每个主题舱提供关于水、特殊建筑类型和一系列不同生态环境的特定体验。在生态区建造吊脚楼，这些吊脚楼要高于水面，因此它们不会影响该区域。这个项目定于 2009 年开始施工。关于这个项目和其他创新项目的更多信息见相关网页。这一类型的绿色项目正在被世界其他地区采用，它有助于应对国家的迅速发展以及资源枯竭的相关问题。这个项目是基于环境的集中投资项目的一个例子。见第 4 章"项目类型：各种各样的绿色项目"，了解一个项目以这样的方式诞生并提供可信赖的绿色终端产品。

每年超过 4000 万英亩的热带雨林因燃烧和伐木而被破坏。

1.4　环境恶化和生物多样性的丧失

环境恶化和生物多样性丧失是密切相关的。当环境要为其他东西让路时，比如贪婪，环境恶化就会出现。以巴西雨林为例，每年大约有 77000 平方英里的森林被砍伐，这只是在亚马逊流域，但是非洲地区和印尼的森林也同样在被砍伐。继续以它为例，想想有多少物种正在因为森林采伐失去它们的生存环境而逐渐走向灭绝。

污染是环境恶化的另一个原因。它包括空气污染、烟雾和臭氧消耗，由卫生设施的不当或缺乏以及工业废物的倾倒而造成的水污染。它也包括自然灾害的副作用。如卡特里娜飓风及其导致的后果是自然环境灾害的一个例子，还有污水处理厂被洪水淹没，石油储存设施被破坏。也有由人类直接造成的灾难，比如 1986 年切尔诺贝利核电站的爆炸。这两种灾害（自然或人为的）有可能对地区的生物多样性产生暂时或永久性的负面影响。

1.5 政府机构、法规要求和指导方针

下列信息将作为法规要求和指导方针的例子由项目经理审查。这些信息不可能面面俱到。

1.5.1 全球机构、法规要求和指导方针

1.5.1.1 ISO 14000

国际标准化组织（International Organization for Standardization，ISO）是世界上最大的国际标准的开发商和出版商。

国际标准化组织是由162个国家组成的国家标准协会网络，每个国家一个成员，位于日内瓦城的中央秘书处负责协调这个系统。

国际标准化组织是一个非政府组织，它建立了公共和私营部门间的沟通桥梁。

ISO 14000，也称为全球绿色标准，是一系列由国际标准化组织发起的标准。它包括14001：2004和14004：2004在内的一系列标准，涉及环境管理的各个方面。作为标准或指南，它们为公司提供了一个框架，以验证他们的流程是绿色的，或者他们是在共同努力，使流程变得绿色。根据国际标准化组织，"ISO 14001：2004为环境管理体系提出了一个通用要求"。大多数环境管理系统（EMSs）是建立在由来已久的计划—实施—检查—执行的循环上（图1.2）。建立在这一理念之上的原则是公司将不断改进与环境影响有关的流程。它不必"证明"某一家公司是绿色的，只要公司不断地朝着提升绿色度的方向前进即可。环境管理体系包括本书中讨论的所有问题——减少用量/重新设计、重复

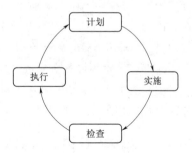

图1.2 计划—实施—检查—执行（PDCA）循环

利用和回收，将环境影响足迹最小化，同样重要的是，提高项目效率。也就是说，作为项目经理，我们一直在努力提高我们利用资源的效率。国际标准化组织提供了一系列公司需要满足的严格的标准，类似于严格的关注质量的ISO 9000标准。质量与环境效率之间的联系是本书的一个主题。公司先证明自身有符合标准的能力，再由官方认证机构审核其过程后，才有资格获得ISO 14000的认证。更多的信息和经济认证机构见相关网站。

ISO 14004：2004使指导方针更完善，它"为建立、实施、维护和改进环境

管理体系提供指导并协调它与其他管理系统的联系"。最近修订的指导方针更容易理解，更加"方便用户"，能进一步促进环境管理体系的运用。

1.5.1.2　京都议定书

《京都议定书》（*Kyoto Protocol*）是一项与联合国气候变化框架公约有关的国际协定。京都议定书的主要特点是它设定了 37 个工业化国家和欧洲共同体对减少温室气体（greenhouse gas，GHG）排放的约束性目标。2008—2012 年，这一比例的平均值为 1990 年的 5％。

议定书和公约之间的主要区别是公约鼓励工业化国家稳定温室气体排放，议定书承诺他们必须这样做[6]。

该议定书于 1997 年 12 月 11 日在日本京都通过，并于 2005 年 2 月 16 日生效。总计有 184 个"公约缔约方"[7]认可这项协议。虽然美国已经签署了协议，但尚未批准，因此不受协议约束。关于"京都议定书"和"各国如何参与"的完整信息参阅相关网站。

1.5.2　欧洲环境署（EEA）

欧洲环境署（The European Environment Agency，EEA）包括欧盟国家（27 个）和冰岛、列支敦士登、挪威、瑞士和土耳其。6 个西巴尔干国家是合作国家，这 6 个国家分别是：阿尔巴尼亚、波斯尼亚和黑塞哥维那、克罗地亚，前南斯拉夫的马其顿共和国、黑山、塞尔维亚。"欧洲环境信息与观测网（The European environment information and observation networkEio，Eionet）是欧洲环境署和这些国家合作的网络。欧洲环境署负责开发网络和协调其活动。为此，EEA 和国家归口单位的、代表性的国有环境机构或环境部门要紧密合作。他们负责协调涉及多个机构的国家网络（共约 300 个）。"[8]

1.5.3　美国的机构、法规要求和指导方针

1.5.3.1　环境保护局

环境保护局成立于 1970 年，在当时的总统 Richard Nixon 领导下，为解决美国日益增长的清洁水、土地和空气的需求问题而成立。在此之前没有采取相应的措施防止环境破坏。湿地正以惊人的速度被填满；部分城市的空气质量已经恶化到不健康的程度了。许多河流被重金属、聚氯乙烯和污水废物污染，不仅危及河流、小溪、河口和海洋，还危害到饮用水供应。地下水污染也是一个重要的问题，它会导致私人和公众供水致命。2000 年的电影《永不妥协》（*Erin Brockovich*）的主题就是电影主角从 1952 年到 1956 年就加利福尼亚欣克利地下水六价铬污染的问题与太平洋天然气和电力公司之间史诗般

的战斗。

环境保护局的使命是"保护人类健康和环境。自 1970 年以来，环境保护局一直在为美国人民创造更清洁、更健康的环境而工作"[9]。在朝着这个目标努力的过程中，环境保护局逐渐发展壮大，并拥有执法立法的权力，旨在保护环境。这些不是指导方针，而是法规要求，项目经理应该熟悉任何能影响项目的立法的细节，包括一些时间较早的规定，如：

- 《清洁空气法案》（1970 年，1977 年和 1990 年修订）
- 《清洁水法案》（1972 年，1977 年修订）
- 《能源政策法案》（2005 年）
- 《污染保护法案》（1990 年）

需了解关于环境保护局及其条例更详细的信息，可访问相关网站。

1.5.3.2 加利福尼亚 AB32

因为 2006 年的这项立法是此类立法的第一例，我们在这里列出了细节。AB32 是一个全面的利用市场监管来"实现真正的可量化的、具有成本效益的减少温室气体"的计划。它规定空气资源委员会（the Air Resources Board，ARB）负责监测和减少温室气体排放量，现有的气候行动小组协调全州的工作。它授权州长在特殊情况，如灾难性事件或重大的经济损害威胁下，一次最多可以调用安全阀 12 个月。这就要求空气资源委员会达到以下要求：

- 基于 1990 年至 2008 年 1 月 1 日的排放量，设定全州 2020 年温室气体排放量上限。
- 在 2008 年 1 月 1 日之前，对重要的温室气体来源采取强制性报告制度。
- 在 2009 年 1 月 1 日之前，采取一项计划，说明如何通过法规、市场机制和其他行动来减少重要的温室气体源排放量的目标。
- 在 2011 年 1 月 1 日之前，制定规定，包括使用市场机制和替代机制的规定，使温室气体排放的减少在技术上可行且成本效益最高。
- 号召环境司法咨询委员会（Environmental Justice Advisory Committee）和经济技术发展咨询委员会（Economic and Technology Advancement Advisory Committee）向空气资源委员会提出建议。
- 确保公众能够注意到并有机会对空气资源委员会的行为提出意见。
- 在实施任何规定或授权市场机制之前，空气资源委员会需要评估几个因素，这些因素包括但不限于以下几方面：对加利福尼亚的经济、环境、公共健康等方面的影响；监管主体之间的公平；电力可靠性；与其他环境法的一致性；确保规则不会严重影响低收入群体。

• 汇总 2007 年 7 月 1 日之前制定的一些分散的早期行动措施，这项工作可以在 2010 年 1 月 1 日之前执行，并采用这些措施[10]。

1.5.3.3   西部气候倡议

西部气候倡议（The Western Climate Initiative，WCI）是美国西部的几个州和加拿大的一些省之间的合作承诺。美国西部的几个州包括华盛顿、俄勒冈、加利福尼亚、蒙大纳、新墨西哥、犹他和亚利桑那；加拿大的一些省包括不列颠哥伦比亚、马尼托巴、安大略和魁北克。参与倡议成员包括爱达荷、科罗拉多、阿拉斯加、堪萨斯、内华达州、怀俄明、萨斯喀彻温和新斯科舍，还有墨西哥的下加利福尼亚州、索诺拉州、奇瓦瓦、科瓦伊拉、新西兰列昂和塔玛利帕斯。这是一项"实施联合战略，应对全球气候变化，减少温室气体排放的合作"[11]。

1.5.3.4   东部地区标准

美国东部的宾夕法尼亚州、康涅狄格州、特拉华州、缅因州、马里兰州、马萨诸塞州、新罕布什尔州、新泽西州、纽约州、罗得岛州和佛蒙特州等 11 个州已签署了一份意向书，"旨在通过制定地区低燃料标准来减少温室气体排放"[12]。如前所述，这份协议要求各州寻找使用替代燃料的车辆，例如使用氢燃料电池、电力和生物柴油的车辆。这些州已经是区域温室气体倡议公司（RGGI, Inc.）的成员，"该公司是为支持 10 个参与国的二氧化碳预算贸易项目的开发和实施而创建的一家非营利性公司"[13]。这是一个有趣的项目，它采用基于市场的"总量管制和排放交易"的方法，确定跨州的排放预算（总量）。根据 RGGI 公司的说法，这个总量将会逐渐下降，直到比初始值少 10%。这要求发电企业享有二氧化碳排放量的补贴。为了支持"低碳强度"解决方案（如太阳能和风力发电），将有以市场为导向的拍卖，并采用补偿协助企业履行义务。

汽车燃烧 1 加仑汽油向大气中排放 19 磅二氧化碳。一辆仅行驶 15000 英里的汽车一年的排放量是 150t。

1.5.3.5   美国市长会议

鉴于为市长们提供关于城市如何致力于减少与气候变化息息相关的 GHG 排放的指导和帮助的需求日益迫切，新泽西州特伦顿市市长 Douglas H. Palmer，美国市长会议主席、市长会议执行董事 Tom Cochran 于 2007 年 2 月 20 日正式启动了美国市长气候保护中心。当然，市长们一直积极推动应对各种问题的政策，但是这个中心专门解决全球气候保护的需求。根据他们的网站，这项倡议是"除了宣传联邦政府在减排方面的强有力的作用之外的一个重大举措"。从地方一级做起，正如我们所倡导的那样，实现绿色环保的最佳途径是从项目管理层面做起。欲了解更多关于美国市长工作的信息，可访问相关网站。

1.5.4 从项目利益相关者、赞助商到客户自下而上的需求

与任何法规要求或指导方针一样重要的是包括赞助商和客户在内的利益相关者的要求。有时它可能不像法规要求或指导方针那样清晰，而且由于整体目的和具体目标相互冲突而更加复杂。这是项目经理重点关注的领域，因为项目管理的工作内容是恰当设定项目预期目标，然后达到或超过预期目标。我们将在本书第二部分详细讨论预期。目前，了解利益相关方的最新需求及其对未来项目的影响是非常重要的。

在众多利益相关者中，项目赞助商或融资实体最受关注，在很大程度上，金融机构正在寻找具有环保意识的组织。可能是他们的利益相关者（像你和我这样向银行贷款提供资金的人）更关心资金投资到什么地方。如果我们看到资金投资到绿色公司，我们可能更愿意选择该金融机构。

人们特别关心气候变化。利益相关者们在 Al Gore 的《难以忽视的真相》(*An Inconvenient Truth*[14]) 中看到这一点。日益干燥的（美国）西部，森林火灾的数量和范围高于历史纪录；东部出现罕见的、持续的暴雨；中西部出现数量庞大的龙卷风。

人们越来越认为导致美国干旱的物理条件与太平洋海洋表面温度（SST）有关。研究表明，海表温度低于平均值与近期西部地区的严重干旱、19 世纪末的严重干旱以及北美洲前殖民时期的特大干旱有关。一些气候模型的预测结果表明，大气中温室气体增加导致的气温升高可能使美国西部地区在几十年内回到更加干旱的基准状况，类似于早期的情况[15]。

越来越多的人开始关注气候变化。如果在努力减少温室效应的公司和没有意愿减少温室效应的公司之间做选择，考虑到消费者的"温度"，则容易做出选择。消费者会用他们的钱包投票。即使在经济低迷的情况下，像天伯伦（Timberland），巴塔哥尼亚（Patagonia）和斯托尼牧场农场（Stoneyfield Farms）这样的"绿色"公司也会持续蓬勃发展。2009 年 7 月，当其他公司关闭门店时，Timberland 公司在纽约市开设了一家生态友好型商店。2007 年 5 月 8 日，David Wighton 在《金融时报》(*Financial Times*) 发表文章，报道全球最大的金融服务集团——花旗集团（Citigroup）将在未来十年向环保项目投入 500 亿美元，并承诺将其计划投资增加 10 倍，增至 100 亿美元，用于减少自己的温室气体排放。他还报道花旗集团已经开始建议借款人确保他们的项目更具环境可持续性，

降低项目将来在环境法规方面存在的风险。其他金融机构，如美国银行，也越来越重视环境。

到处是广告，越来越多的广告提倡绿色。绿色景观公司提倡使用有机肥料；绿色清洁公司宣传使用对儿童、宠物和环境安全的产品。随着制造商和服务提供商对绿色广告的关注，很难想象它不会影响消费者的购买习惯。

想象一下，正如项目管理协会的月刊《PM 网络》（*PM Network*）2009 年 9 月版专栏"热门话题"报道的那样，"将近三分之二的美国消费者愿意为一套住宅的绿色功能支付 10％的溢价"（对于一套价值 30 万美元至 50 万美元或更贵的住宅，10％的溢价并非微不足道）。记住这一切，项目经理必须确保项目产品具有高绿色度得分，才能使产品从竞争者中脱颖而出（或仅仅处于竞争者之列）。而且，获得最终产品的过程必须同样具有高绿色度得分，才能使该机构与其他机构区分开。绿色不会消失。项目经理需主动做正确的事情，绿色度得分高的好处将随之而来。

参 考 文 献

［ 1 ］　International Panel on Climate Change，Core Writing Team，*Contribution of Working Groups* Ⅰ，Ⅱ *and* Ⅲ *to the Fourth Assessment Report of the Intergovernmental Panel on Climate Change*，ed. R. K. Pachauri and A. Reisinger（Geneva，Switzerland：IPCC，2007）.

［ 2 ］　Ibid.

［ 3 ］　Ibid.

［ 4 ］　The National Academies，*Understanding and Responding to Climate Change：Highlights of National Academies Reports*（Washington，DC：National Academies Press，2008），2.

［ 5 ］　Mark Hume，"High Arctic Strays，Salmon in Strange Places，" *Fly Fisherman*，December 2009，12 - 14.

［ 6 ］　United Nations Framework Convention on Climate Control（UNFCCC），Introduction.

［ 7 ］　Ibid.

［ 8 ］　The European Environment Agency，*General Brochure*.

［ 9 ］　U. S. Environmental Protection Agency，mission statement.

［10］　Office of the Governor（California），press release，September 27，2006.

［11］　Western Climate Initiative，*About The WCI*.

［12］　Environmental News Service，11 *Eastern States Commit to Regional Low Carbon Fuel Standard*，January 6，2009.

［13］　Regional Greenhouse Gas Initiative，*About RGGI*.

［14］　*An Inconvenient Truth*，documentary，directed by Davis Guggenheim（Paramount

Classics，2006）.

[15] Peter Folger，Betsy A. Cody，and Nicole T. Carter，*Drought in the United States*：*Causes and Issues for Congress*，Congressional Research Service Report，RL34580，March 2，2009.

第 2 章 绿色项目术语：绿色浪潮的语言

每一门学科都有一些关键的术语和基本概念需要学习，所以本门学科我们也要从最基本的概念和专业术语开始学起。项目经理知道精通特定领域的知识不仅对准确地执行任务至关重要，而且对增加个人信誉以及取得较好的结果也至关重要。例如，一个人如果不能准确地介绍复杂药物，而将产品或过程成分称为"那个什么"和"那东西"，那就说明他不能胜任技术公司的工作。你可能不需要成为一名技术精湛的专家，但是你最好知道如何与你所在领域的专家和客户进行交流和相互理解。"绿色浪潮"的情况也不例外。糟糕的是，"绿色浪潮"领域拥有丰富的词汇和一系列新概念需要我们来理解。好消息是，大多数概念都围绕着几个重要的概念（帕累托原则再次奏效），而且我们能将庞大的词汇精简为相对少的能让我们精通"绿色浪潮"的一些术语。对于项目经理来说，其他的词汇可以通过绿色项目管理实践中的各个过程来了解。

2.1 碳足迹与可持续性

碳足迹和可持续性是绿色浪潮中的两个重要术语。碳足迹之所以重要主要有几个原因。它是使用碳基燃料时留下的残余物，类似于人在沙滩散步时留下的脚印。碳足迹的问题在于，它不像沙滩上的足迹一样容易被潮水抹去。人的碳足迹由两部分组成——直接成分和间接成分。以自己家的碳足迹为例，直接组成部分包括：家庭供暖、通风和空调（HVAC）系统的输出，或者汽车的油耗等。间接组成部分包括运送购买的商品或运输杂货消耗的能量，制造家用电视机所消耗的能量，二者是同样重要的，因为积极减少能源消耗，或购买指定产品，即制造商能够减少碳足迹的产品，可在一定程度上减少碳足迹。如果这些措施还不够，还可以采用购买或交易碳补偿的方法，但该方法是一个颇具争议性的话题："为浪费能源的家庭或企业购买碳补偿并称其为环保责任，这就类似于购买减肥可乐搭配双熏肉芝士汉堡并且把它称作减肥计划。效率（和降低热量）才是最重要的。"（Joel Makower）[1]

购买碳补偿是个人决定，这里有一些提供该服务的公司："通行地球"公司（Terrapass），本土能源公司（Native Energy），碳基金（Carbon Fund），等等。

你可能认为你不能控制碳足迹的间接成分，但是其实你是可以的。例如，你可以在条件允许的情况下尽可能地购买当地的产品，或者夏天去农贸市场或地区农场采购商品，以减少食品运送的次数。碳补偿是减少碳足迹直接和间接组分的另一种方式。但是，正如前面所说，该方式是有争议的，因为它们会被看作是污染的借口。"我不必减少我的碳排放量，我所要做的就是购买碳补偿来减少这些排放。"作为一个项目经理，即使你不是项目管理专业出身，也不必坚持他们的道德标准和专业操守，但是你的个人道德标准也不允许存在这样的争议。当碳补偿如预期一样被利用时，它们是有效的。当组织或个人计划零排放并为之而努力的情况下，碳补偿是可靠的。在达到零排放之前，组织或个人可以购买碳补偿来为其他地方提供相对应的储蓄或动力。一旦实现零排放，就不需要继续购买补偿。选择一家公司购买补偿时，要寻找一家长期的且有良好投资业绩的公司。

项目管理协会是项目管理领域全球领先的团体。自 1969 年成立以来，一直处于与企业合作的最前沿，创建适用于所有项目的项目管理标准和技术。

我们想知道 PMI 是如何定义可持续性的，所以我们找到了最新版（2009）的《组合标准专业词典》（第四版）[2]，找到了这样的定义："可持续性：一种过程或状态可以无限期保存的的特征。"我们认为这个定义并没有带来更加平衡和更为世俗的观点。它是准确的，也许只是因为它太平淡无味了。那么，还有其他定义可持续性的方法吗？

可持续性都是关于平衡的。我们认同这个定义，但是可持续性包含更多的内容。可持续性是一种平衡，维持着我们的生存。国际上被广泛引用最多的定义是世界环境与发展委员会 1987 年报告中的"布伦特兰定义"——可持续性意味着"在不损害子孙后代满足自身需要的前提下满足现在的需求"。

我们与教育家乌特列支大学应用科学学院的 Gilbert Silvius 教授详细地谈论了项目管理中可持续发展的定义。Gilbert 是该校的项目管理硕士专业的发起人，该项目管理硕士专业是在荷兰最先被认可的项目管理硕士专业（图 2.1）

"尽管在项目管理的各种标准中能找到一些有关可持续性的观点，"他说，"但可持续性的影响至今还未被真正认可。项目管理、测量和汇报的方式并不能反映源自可持续发展概念的可持续性特征。"Gilbert 接着说，"显然，在可持续项目管理的定义上还有很多工作需要做，而且对于专业知识、标准以及切实落实项目管理的概念的需求日益增长。"

如果我们认同可持续性确实有"满足未来几代人需求的能力"的含义，那

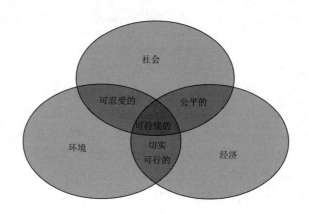

图 2.1　相互关联的生命周期

注：摘自 A. J. G. Silvius，J. van der Brink 和 A. Kohler《现代商业项目的人性化》（*Human Side of Projects in Modern Business*）中的"可持续项目管理的观点"，IPMA 科学研究论文系列。

主编 Kalle Kahkohnen，Abdul Samad Kazi 和 Mirkka Rekola，2009 年，

第 26 页（赫尔辛基，芬兰：国际项目管理协会），经许可。

么这就引出了一个问题：我们是否已经开始着手去完成甚至正确考虑这个问题了呢？撇开政治不谈，考虑项目的可持续性，项目经理需要通过"环境视角"来评价项目。

环境视角

EarthPM 的一个主张是："项目经理必须通过环境视角来观察自己的项目，这使得项目经理（或项目小组）必须长远考虑，这有利于正在兴起的环保主义绿色浪潮的项目。"[3] 项目经理通过环境视角才能观察到项目产品的各个方面以及运行过程，确保所做工作能增强绿色度。项目的绿色度越高，项目本身对于环境的影响越小，项目产品的可持续性就越高。

2.2　可持续性循环

当我们谈到可持续性时，会涉及到另一个概念，即可持续性循环。一个完美的可持续性循环利用它所产生的一切，实际上就是零排放、零浪费。然而想要达到完美也许是不可能的，但是大自然几乎做到了这一点。以蚯蚓为例，它唯一的目的或存在的原因（除非你是个渔夫或者一只鸟）就是处理泥土，蚯蚓吞下泥土，再将其排泄出来，原来的泥土得到了改善。这种蠕虫独特的解剖结构使得有机物质（泥土）与它自己的分泌物混合，当土壤被排泄出来后变得更

肥沃。因此，这个循环是泥土通过蠕虫得到更肥沃的泥土，完全没有任何浪费。

当然，并不是所有的垃圾都在垃圾填埋场，大太平洋垃圾带是太平洋中一个漩涡状的垃圾和碎片带，其面积是美国大陆面积的两倍，可以容纳近一亿吨的垃圾。

——环保网站

关于大自然可持续性循环的例子有许多，有些例子简单，有些例子则很复杂。项目经理面临的真正挑战在于他或她必须确保项目是可持续性循环的。他们将如何说明项目中存在很少浪费或不存在浪费，以及项目可利用一切可被利用的资源呢？此外，他们将如何说明当构建可持续性循环时该项目（包括产品和过程）考虑了所有的可能性呢？他们将采用一种新的思维方式，这一方式通过环境的视角来查看项目，了解项目的影响以及了解如何通过设计或在必要时通过补偿来减轻这些影响。这就是"绿色思维"，运用这种新的思维方式，随着工作经验的积累，你将越来越得心应手。

2.3 从摇篮到摇篮

绿色思维包含从摇篮到摇篮（cradle-to-cradle，C2C）的观念。过去我们常常把项目视为从摇篮到坟墓，William McDonough 和 Michael Braungart[4]认为工业和环境间的冲突不是对商业的控告，而是纯粹的机会主义设计的产物。工业革命以后的产品和生产系统的设计都体现了当时的精神，并产生了一系列意想不到的悲剧后果。他们认为，"获取、制造和浪费"的工业体系可以转变为具有生态、社会和经济价值的产品及服务的创造者（表2.1）。McDonough 送给我们这样一句话："我们的目标是拥有令人愉快的、多样化的、安全的、健康的、公平的世界，与此同时，我们可以经济地、合理地、生态化地、优雅地享用干净的水、空气、土壤和能量。"[5]

表 2.1 获取、制造、浪费

从摇篮到坟墓	从摇篮到摇篮
获取	近距离观察
制造	技术"营养"
浪费	生态效益

2.4 自然之道

自然之道[6]是绿色思维的基本概念之一。根据那些基本原则，有四个系统条件，并且每个系统条件都必须遵循可持续性原则。自然之道包括四个可持续性的条件，并且每个条件都遵循相应的可持续原则（表2.2）。

21

表 2.2　　　　　　　　　　　　　　自　然　之　道

条　　件	原　　则
在可持续性社会，大自然不会受到下列事物的影响：	要成为一个可持续的社会，我们必须遵循以下原则：
1. 从地壳中提取的集聚物	1. 停止不断地从地壳中提取的物质（例如，重金属和化石燃料）的做法
2. 社会所产生的集聚物	2. 消除人类社会产生的化学化合物（例如，二氧化碳，多氯联苯，DDT）
3. 物理方法降解	3. 消除人类对自然和自然过程的逐步破坏（例如，过度砍伐森林和忽视重要的野生动物栖息地）
4. 在那个社会，人们不会损害其满足自身需求的能力	4. 消除人类损害满足其自身基本需求能力的情况（例如，不安全的工作环境和缺少赖以生存的工资）

注　改编自《自然之道》。

综上所述，几乎所有的绿色工作归结起来可以说都以这四个原则为中心。乍一看，这四个条件和原则似乎过于无私且不可能实现。然而，我们需要仔细看看我们正在提倡的是什么。这些条件和原则说明我们需要采取一些措施来阻止我们给社会带来的越来越多的有害的副作用，不是停止使用自然资源，而是用一种更负责任的方式来使用它们。

将这些条件和原则与 EarthPM 的五个主张联系起来（见绪论），我们很容易就可以看到绿色和项目管理之间的交叉点。为了为这四项原则服务，需有序地协调未来的项目。谁比项目经理具有更强的能力来支持这些原则呢？回顾项目管理的定义："将知识、技能、工具和技术运用到项目运作中，满足或超额满足项目利益相关者的需求和期望。"[7]我们可进一步补充说明："作出任何决定，都必须要对环境负责。"

2.5　企业社会责任与绿色项目经理

项目经理如何影响企业行为？项目经理能帮助企业实现其社会责任吗？企业社会责任（CSR）的定义与绿色项目管理紧密相连。要定义企业社会责任，就需要再看看与可持续性发展对应的自然之道的四个条件（原则）。作者一直主张项目管理通常是企业的一个缩影。我们把项目管理看作是企业的核心样本及特殊情况，它涵盖了伦理和道德关怀，这些伦理和道德关怀并非企业决策驱动力的必要条件。因为企业决策通常是底线驱动的。在很多情况下，领导者确实需要平衡赢利和企业社会责任这两种需求。但是企业是由项目驱动的。不管你怎么看待这个问题，企业都正在向利益相关者或利益群体提供利益，无论是提供可持续的能源、法律服务，或是其他东西。所有不能稳态运行的事物都是一个项目，这些项目都是由人来管理的，不管这个人是否具有"项目经理"的特定名称。因为每件事物都是一个项目，而且每一个项目都"以某种方式被管理"（好的或不好的），所以那些人（为了论证，我们将其称之为项目经理）正处于变化的前沿位置。那么，谁能更好地强调企业社会责任呢？尤其是企业社会责任并不在企业的 DNA 中。每家企业都应该负起责任，以一种负责的行为方式来领导员工。

什么是企业社会责任？它有许多形式。可能是天伯伦公司对"City Year"的支持，仅怀有"不伤害"的想法是不够的。因此，企业社会责任可能看起来像是星巴克对咖啡采购的道德承诺[8]一样。据星巴克的董事长、总裁兼首席执行官 Howard Schultz 说，"在 2007 财政年度，我们公司 65% 的咖啡购自 C. A. F. E.（咖啡和农民权益）供应商。为了整合整个咖啡供应链的可持续性，制定了严格的标准。这些供应商是被该标准认可的。我们的目标是，到 2013 年 80% 的咖啡将通过 C. A. F. E. 购买并且将此计划扩展到非洲和亚洲地区。"此外，企业社会责任可能以沙漠技术的形式存在，这部分内容将在第 4 章详细阐述；或者以企业努力降低自身耗能的形式存在。当然，其中的一些项目可能是为企业自身服务的，但是它们不仅节约了企业自身的能源，也节约了我们的能源，这一点体现了企业社会责任。关键是要记住我们所做的每一项工作都是一个项目，每一个项目都需要有人来管理它。让那些最熟悉企业社会责任和绿色环保工作的人（项目经理）来管理项目会不会更好呢？

"City Year"成立于 1988 年，基于相信年轻人可以改变世界的理念。

美国各地和南非都有"City Year"基地，在那里，年轻人被称为"军团成员"，他们进行为期 10 个月的全职服务工作。

"City Year"的愿景是有一天年轻人问的最常见的问题是："你将在哪里做一年志愿服务？"

"City Year"利用军团成员们的天赋、精力和思想，让他们成为学生们的引领者、导师、榜样，帮助学生们走上学习轨道或重回正常学习轨道，直到毕业。

2.6 生物降解

项目经理必须处理的另一个关键问题是他们应用的产品和他们的项目产品具有生物降解性。根据不同的观点生物降解有不同的定义。如果该产品真的可进行生物降解，那么定义的差异主要与生物降解率有关。大家都很感兴趣的产品之一是可生物降解的尿布。我们使用这个例子是因为它阐明了定义，而不是因为绿色项目管理仍处于初级阶段。不过，它提醒我们绿色项目管理的确处在一个未成熟的阶段。纸尿布一直是垃圾填埋过程中存在的问题。纸尿布可能永远存在，这一点造成"可生物降解的尿布"的产量激增。虽然尿布只占用了垃圾填埋场 3% 的空间，但这一比值仅次于报纸和食品（饮料）包装盒所占比例，并且美国每年的尿布数量达到 100 亿片。清洗布尿布的能源成本远远超过了使用布尿布的好处，美国纽约州能源研究和发展管理局主任 Parker Mathusa 解释说，布尿布每天换六次，每周要使用 142 加仑的水来清洗；与使用纸尿布相比，使用布尿布多产生 50% 的固体废物；抽水清洗并烘干布尿布比生产纸尿布多消耗三倍以上的石油及天然气等不可再生能源。关于"可生物降解的尿布"的争议在于如果它们被放进塑料袋当成垃圾收集，那么它们就不会暴露在生物降解所需的环境之中。有一些生产商，如宝洁公司是其中一个，建议可降解的尿布由能被存在于堆肥堆中的生物体"吃掉"的成分制成。此外，已经发现，为了弥补可生物降解尿布强度的不足，它们可能比一次性尿布包含更多的塑料。正如你所看到的，关于可生物降解的争论仍在继续。我们发现能帮助项目经理解决生物降解问题的最好的网站之一就是纽约市生物降解产品研究所的网站。

2.7　漂绿

"漂绿"是一个贬义词，指看似绿色，但实际上只是口头上宣传绿色。"美国超市货架上 98% 以上的所谓自然环保的产品的声明可能是虚假的或误导的。"[9] "漂绿"这个词从 1999 年开始使用，当时牛津英语词典将其定义为"一个组织为了树立环保的公众形象而散布的虚假信息"[10]。我们能看到各种各样的定义（一些定义相当复杂），甚至有人定义"漂绿是不可饶恕的罪行"等，为了简单起见，我们可以这样说——当你看到它时你就会认识它。漂绿是欺骗，它使人们相信，一家公司、一个产品或者一个过程是绿色的，而事实上并非如此，而且还是故意的。有时候，被人们信以为真的绿色的事物实际上可能不是绿色的，这一点暴露的更多的是一种无知，而不是漂绿。用老的说法"鸭子理论"来打比方，"如果它走路不像鸭子，叫声不像鸭子，或游泳不像鸭子，它可能就不是一只鸭子。"所以，如果感觉不是"绿色的"，可能就不是绿色的。

漂绿这个术语是 1986 年由纽约郊区的环保人士 Jay Westerveld 提出的。他在一篇文章中用到了这个词，这篇文章是关于酒店行业在酒店的每个房间里贴标语牌，提倡顾客再次使用酒店毛巾以"拯救环境"。他认为，酒店几乎没有做改善环境的事情，只是利用顾客的环保意识，提倡顾客重复使用毛巾，其实是节省开支的一种策略。

　　每年，"绿色生活"都举行一场名为"给清洁工带来绿色洗涤"的活动，活动中重点宣传一些本年度最大的骗子。2005 年该活动重点宣传福特汽车公司，并采用该公司"蓝色椭圆形"图标作为承诺环保的象征。但是，当你全面比较燃油经济性时，你会发现在当时所有主要的汽车制造商中，福特在这方面是做得最差的。最糟糕的是，该公司拨款 800 万美元在州和联邦层面进行游说，抵制减少二氧化碳排放的授权[11]。2006 年"绿色生活"重点宣传雀巢公司，当时雀巢公司引进了贴上公平贸易标签的"伴侣调和"速溶咖啡。然而，这种咖啡仅占雀巢咖啡进口量的 0.01％，"而为了解决剩下的 99.9％ 的需求量，雀巢公司继续利用其巨大的市场占有率使小型咖啡农处于贫困之中，而该公司却获得巨大的利润"[12]。

　　你可以做一些"绿色测试"，帮助你区分绿色和漂绿：

　　• 标签是最简单的判断"漂绿"的方式，有一些标签用语受到严格的独立认证机构的支持，如"有机的"，这个术语受到美国食品和药物管理局（USFDA）的国家有机项目支持；或绿色印章，这是一个以科学标准为依据的证明。

　　• 如果看起来好得令人难以置信，那可能的确无法相信。对声名狼藉的非绿色公司（如石油公司和汽车制造商）的声明持怀疑态度。我们不是说抵制这些公司，只是，如果你是因为"绿色声明"而购买某种产品，你可能要重新考虑这种做法了。

　　• 不要只是一味地接受，而是要检验其真伪。例如，有许多网站提供有关绿色或非绿色的信息，本书第 12 章介绍了一些这方面的信息。

　　英国环境和农村食品事务部提出了"绿色声明法"[13]。绿色声明应该是：

　　• 真实，准确，并能够被证实。

　　• 与产品及其相关的环境问题相关。

　　• 明确产品是什么问题或者是什么方面的问题。

　　• 明确在声明中使用的所有符号的意义。

　　• 使用通俗易懂的语言和符合标准的定义。

2.8　三重底线

　　三重底线可以简单地定义为人类、地球和利润之间的商业联系。这三个要素之间的平衡并非如此简单。然而，项目经理对平衡并不陌生。长期以来，平衡是指成本、进度和质量三者之间的平衡。最近，问题已经转变为平衡所有项目"风险"。如果回想过去，难道不都在关注利润吗？是什么让你认为现在人们不关心利润了呢？人类、地球和利润三者不是相互排斥的。事实上，情况正好相反。项目过程和产品使用绿色技术将对地球产生积极的影响。例如，节约能源可以减少资源耗费，意味着节约成本，即提高效益。节约资源可以理解为节省"人力资源"，使人们提高效率。管理的这三重底线意义深远，并且这与项目经理一直从事的工作并无不同。这就是为什么我们认为项目经理应该且将领导未来的绿色工作。图 2.2 介绍了可持续性的"3-P"理念，其中介绍了三重底线。

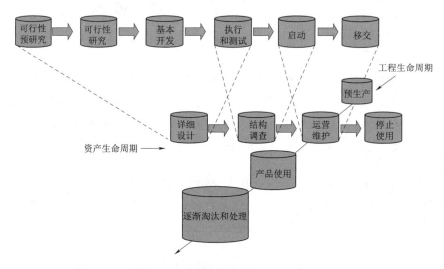

图 2.2 可持续性的"3-P"理念
（出自旧金山加利福尼亚科学院，圣弗朗西斯科。）

2.9 生态审计

"生态审计"这个术语特别有趣，因为它表述得非常含糊。我们理解生态审计的方法是以应用为基础的。你所在的行业将决定你在生态审计中进行评判所采用的标准。从这一点考虑，这些评判标准似乎是变化的，也必定不是唯一的。我们能够确定的是大多数生态审计实际上是关于二氧化碳使用情况分析的。碳足迹计算可以定义为个人的生态审计，至少在碳足迹层面。然而，如果要进行个人的生态审计，我们必须广泛收集与个人减少消耗、再利用和重新设计工作相关的调查信息。我们认为，就像个人生态审计不仅仅是计算碳足迹一样，行业的生态审计将不局限于二氧化碳的使用。

2.10 减少消耗、重新设计、再利用、再循环

这些词按此顺序排列不是偶然。节约宝贵资源的最佳办法是减少它们的使用量。项目经理处于资源使用的最前沿，对之影响最大。寻找更有创意、高效、智能的方式来消耗有限的资源是一种减少资源使用量的方法。当不能再减少资源使用时，重新设计是另一种方法。项目经理可能会提出以下问题：

（1）是否有方法改变项目管理的流程，使其更高效且使用更少的资源呢？

（2）是否有方法重新设计项目产品，减少制造、实施或控制产品的一切资源呢？

（3）我能采取什么方式完善过程和产品？

（4）团队能做什么来完善产品的生产过程（从开始到废弃的整个过程）？

2.11 可再生能源

当我们开始研究这本书时，可再生能源的来源比我们想象得更广泛。不仅更广泛，而且比我们想象得更有趣。

2.11.1 风能

风能可能是人们比较熟悉的可再生能源之一。美国风能协会给出了解释："事实上，风能是太阳能的一种转化形式。太阳辐射以不同的速率为地球的不同地区提供热量，最显著的是白天和晚上，而且不同的地表（例如，水和陆地）以不同的速率吸收或反射太阳辐射。这也造成不同区域的大气变暖程度不同。热空气上升，降低了地球表面的大气压力，冷空气补充，就形成了风。空气有质量，当它运动时，产生了运动能量（'动能'）。一部分动能可以转换成其他形式的能量为我们所用，如机械能或电能。"[14]

在 10 年内，风力发电的电能可能占美国电能的 20%。而且，海上风力涡轮机有潜力提供和美国所有电厂的发电量一样多的电能。

2.11.2 太阳能

说到太阳能，自从人类存在就开始利用太阳能。在古埃及，人们崇拜太阳神，他们从太阳那里获得了自然的和超自然的能量。太阳能也被用来做像晒衣服这类简单的事情。有趣的是，加利福尼亚政府网站指出"数亿年前腐烂的植物形成了我们今天使用的煤、石油和天然气。因此，化石燃料从技术上说是数

百万年前存储的太阳能的一种形式。太阳或其他恒星都间接地向我们提供所有的能量，核能甚至也来自恒星，因为核能中的铀原子源于恒星的爆炸。"自 19世纪 90 年代美国就已经开始使用太阳能热水器。"1897 年，洛杉矶东部帕萨迪纳地区 30％的家庭都配备了太阳能热水器。随着机械的改进，太阳能系统被应用于亚利桑那州、佛罗里达州和其他美国晴朗的地区。"[15]我们最感兴趣的是太阳能热发电的应用，巨大的太阳能电池板收集阳光使水升温并产生蒸汽驱动发电机。其缺点之一是在阴雨天不能产生电能，从而产生了第 4 章所介绍的沙漠技术这样更大型的项目。

2.11.3 地热能

地热能是利用地球内部的热量。因为本书其中一位作者有地质专业背景，地热能是我们认为更有趣的可再生能源之一。有几种利用地球产生地热能的方法。第一种方法是利用深井开采超热的水或蒸汽并将其泵送到地面进行加热或运行涡轮机发电。第二种方法是利用近地表的稳定温度。20 世纪 50 年代，我们习惯于"开"井来浇灌草坪，而不是使用更昂贵的城市水。我们发现水温始终保持在 52℉，这个温度夏天让人感觉很清爽。那么如何利用 52℉的水节约能源？水已经被"加热"或"冷却"到 52℉，因此，与冬季接近 32℉的水或者夏季可能达到 80℉或更高温度的水相比，将 52℉的水加热或冷却到理想的温度需要更少的能量。利用地热换热器加热和冷却水，在大多数情况下，利用地源热泵交换热量。我们不会占用你的时间来详细说明换热器是如何工作的，只是要说明它是一种比空气源热泵或电力更有效的方法即可。然而，需要注意的一点是包括设备成本在内的初始启动成本比传统方法高。但是，更长的投资回收期和总体节能将证明增加成本是合理的。请记住，地热能不仅仅只限于水资源，地下建筑物能利用约 56℉的地下温度和地球的热滞后，地下结构更高效节能。普渡大学的图书馆就是这样一个例子，它的屋顶即地面，地面以下有五层。可在相关网站查阅更多关于地下能源节能的文章。

2.11.4 可持续的生物能源

可持续的生物能源可能是有趣的可再生能源之一。英国生物中心的数据显示有五类基本原料可作为可持续生物能源，分别是：原始木材、能源作物、农业废弃物，食品废弃物、工业废弃物及其副产品。其中原始木材是包括林业运营公司的产品。佛蒙特州的北部地区、新罕布什尔州和缅因州被大片土地覆盖，这些地区历来为纸张和建筑产品提供木材。这些土地也由不同木材公司所有。这些公司虽然着重于生产纸张和木材，但在剥皮和修剪树枝时产生了大量的副产品，也有一些木材由于质量差而不能用于生产。此外，原始木材也来自于木材厂生产过程中产生的废料。原始木材的第三种来源是大型圣诞树农场修剪树木时产生的废料，或制作装饰品时产生的废料。

能源作物是指那些专门用于生产能源的作物。这类作物中最有名的是玉米和豆类，用于生产汽油添加剂——乙醇。得克萨斯州节能办公室正在考察当地其他的可能作为能源作物的植物，如甘蔗、柳枝稷和高粱。农业残留物与能源作物不同，农业残留物是农业生产过程中的副产品，甚至是能源作物生产过程中的副产品，如玉米秸秆、小麦和大米秸秆。

根据国家科学基金会的资料，"绿色汽油技术可循环利用碳，不会增加大气中的净碳。绿色汽油燃烧排出的碳被附近的绿色汽油植物吸收。对于不可再生的燃料，碳源被隔离在地球内，但是此类燃料燃烧时增加了大气的总碳量。"

绿色汽油是来源于可持续生物能源的另一种产品。美国国家科学基金会（NSF）阐述了下列内容。

将植物转化为汽油的催化机制主要有三种：

（1）汽化是从非石油能源产生汽油的最古老的机制之一，但是，过去汽化主要用于将煤或天然气转化为汽油，现在才将其应用于绿色汽油工艺。在汽化过程中，极端的高温使植物分解为基本成分，即一氧化碳（CO）和氢气（H_2）。CO 和 H_2 通过催化剂重新结合为汽油。该过程虽然行之有效，但目前只在大规模生产时才可行。当把植物作为原料时，该方法既昂贵也不高效。

（2）高温分解也是一种催化机制，但该机制的应用比汽化少，且对于所有的催化方法（包括麻州大学-阿默斯特乔治胡贝尔实验室使用的方法）来说，它非常有效，不需要任何外部的能量源。研究者甚至希望最终使用高温分解产生的热量来发电。尽管绿色汽油应用刚刚兴起，但该工艺具有许多优点，任何植物都可作为原料，包括废纸和草屑，并且该工艺效率高。到目前为止，该工艺可以产生汽油的成分，但尚未发现运输燃料的全部成分。

（3）水相过程始于糖，而糖容易从植物中获取。室温下，糖与水混合并经过特殊的催化剂转化为其他成分。如果催化剂选取恰当，最终可能转化为各种成分，应用的范围很广，如汽油（300 多种化学成分）、柴油、喷气燃料、药物和塑料。该工艺最初由威斯康星-麦迪逊大学詹姆斯杜梅席克（James Dumesic）实验室提出，麦迪逊威斯康星州的绿色能源系统公司进一步完善了它，目前已被大规模应用于商业方面。随着更多主要行业合作伙伴的加入，绿色能源系统公司希望在未来 5～10 年把这个绿色汽油加工工艺推向市场。

- 水相处理的糖源可能来自甜菜和甘蔗等植物，许多研究人员正在想方设法从植物的组成部分中获取糖。一些研究人员也在尝试种植更容易转换成糖的新植物。

• 糖源植物，如柳枝稷，可以在贫瘠的土地种植，因此庄稼作物和原始森林都不会受到影响[16]。

目前也正在考虑利用各种食物垃圾，在某些时候，它们已经被当作能源来源。食物垃圾的来源之一是快餐和餐馆制作食品过程中产生的油脂，例如做汉堡时产生的垃圾。英国在利用超市食物废料方面处于领先地位。据英国回收处理公司（PDM）了解，"回收的产品经过处理，把食物从包装中取出来，然后被重新加工，用于生物燃料，或者被用作直接生物质燃烧的'净'生物燃料"。另一个来源是生活垃圾，在维尔京群岛有一个叫 Wastaway 的项目，这个项目的目标是把家庭垃圾生产成替代燃料产品。他们已经研发出将无序生活垃圾转换为一种叫 Fluff 的产品的方法，该产品易被用作多种用途。Fluff 类似于木浆，经过处理后可被用作植物和草皮的生长介质，可被汽化生成蒸汽，可被转化为合成燃料乙醇、柴油、汽油等，也可被压缩或挤压成像建筑材料等类似的产品。[17]

最后一类可作为生物质能源的原料来源于工业废物、制造业和其他工业过程的非产品输出。城市垃圾是这一类原料之一。然而，虽然迄今为止所有的文献都指出，在高温下燃烧城市垃圾回收一些能量比燃烧它而不回收任何能源更好，美国环境保护局却指出没有文献说明能够不计成本效益去做这件事。所以，尽管多年以前垃圾就可作为替代燃料的原料，然而，轮胎衍生燃料（TDF）被证明是一种有趣的替代原料。据美国环境保护局的资料，轮胎产生的能量几乎与石油产生的能量相同，比煤产生的能量多 25%，而且其灰渣中的重金属含量低于某些类型的煤。生产纸、纸浆、水泥、工业锅炉等产品的行业、电力公司等企业尤其适合使用轮胎衍生燃料。橡胶制造商协会 2006 年的报告指出美国储存了 1.88 亿个轮胎。虽然这个数字在持续下降，但仍然说明了一个重要的问题，即燃料的来源取决于你如何看待它。

2.11.5　波动和潮汐

波动和潮汐可能是替代能源中更有争议和最不明确的两种。已经有一些关于这两种替代能源的研究。海洋能源技术公司已经设计出了一种可以从波浪运动中产生能量的浮标。有传言称，新英格兰北部和加拿大的潮汐能将可能被利用，那里的潮汐差异可达到 9～12 英尺甚至更多，大量的水进出河口和河流。法国朗斯有一个约 240MW 的发电厂，对该地区渔业的影响是不可避免的。

2.12　SMARTER 原则

让绿色项目管理变得更巧妙的一种方法是对绿色项目管理运用 SMARTER 原则。这是什么意思呢？我们中间一些年龄较大的人可能记得一部老电视剧《糊涂侦探》（*Get Smart*），一些年轻的读者肯定会知道几年前的一部电影《糊涂侦探》（以原电视剧为基础），它的片名和大部分的文字都是非常巧妙的，可以称为"文字游戏"。作者是漫画家 Mel Brooks 和 Buck Henry，主演是喜剧演员 Don Adams，巧妙（Smart）（由亚当斯扮演）是主人公的代名词，坏人总是试图"抓住"（捕捉）巧妙。但这当然也是变得越来越巧妙的一种方法——就像"获得才能或智慧"。身处奇妙的管理世界的大部分项目经理都认可用于实现目标的 SMART 原则。SMART 是一些名词的缩写，记得吗？

S——具体的，重要的，可拉伸的（specific，significant，stretching）；

M——可衡量的，有意义的，激发性的（measurable，meaningful，motivational）；

A——商定的，可达到的，可实现的，可接受的，行动导向的（agreed upon，attainable，achievable，acceptable，action oriented）；

R——现实的，相关联的，合理的，有益的，结果导向的（realistic，relevant，reasonable，rewarding，results oriented）；

T——基于时间的，有形的，可追踪的（time based，tangible，trackable）。

巧妙（SMART）的时代已经过去了，一去不复返，失败了，故去了。难道你不认为至少它已经陈旧了吗？我想我们的管理方式需要变得更巧妙（SMARTER），而不是 SMART。你会问怎样才能变得 SMARTER 呢？很高兴你发问了。

我们为 SMART 增加两个字母，变成 SMARTER。当然，这两个字母是 E 和 R。

E——环保（Environmentally）；

R——有责任的（Responsible）。

换句话说，正如我们前面所说的那样，只确定项目目标和目的是不够的，同时我们也必须考虑项目过程本身的有效性，自身的浪费和低效，最终产品及其处理或再利用。

记住，不仅仅是项目经理应该问这些问题，项目的所有人员都应该问这些问题。

首先探索是否能减少消耗或重新设计，下一步确定过程或产品中是否有可以再利用的价值。现有项目过程或产品中是否有可用于新项目过程或产品的内容？重点是尽可能避免回收。尽管回收是一个不错的想法，但也存在一系列问题。比如，目前还存在一些"回收"电子设备（如 CRT 屏幕、旧电视机和电脑等）的现象。从那些设备中去除稀有金属和拆除有价值的组件正对自然环境造成不可估量的损害，也因此对当地居民造成不可估量的伤害。燃烧电子元件产生有毒空气；而从酸洗池中去除贵金属，则造成水污染。据美国环境保护局了解，每年超过 200 万 t 的电子产品被丢弃在美国。所有那些东西都必须有个去处。即使像索尼、戴尔、苹果这些公司及其他公司为各自的产品提供了最好的回收计划，但最好的回收就是没有回收。然而众所周知，这是不可能的，所以把利用回收作为首选的方法是正确的选择。

我们想用 Storm Cunningham 鼓舞人心的话来结束这一章。Storm 是一位受欢迎的主题发言人，也是《恢复经济学》（2002）（*Restoration Economy*）和《财富》（2008）（*reWealth*）两本书的作者。Storm 还是振兴研究所的创始人，振兴研究所的使命是"促进全球社区和自然资源的综合更新"。他也是决议基金的首席执行官，决议基金主要侧重于促进公私部门在振兴方面更好地合作，并在恰当的时间将合适的私人资源合理地运用于公共项目。显然他也很喜欢我们的职业。在他的著作《2025 年的项目管理》（*Project Management Circa* 2025）中的"项目管理全球趋势"[18]这一章中写到："复苏被破坏的自然、建筑、社会经济资产是当今世界最复杂和紧迫的挑战。可以这样做……项目经理可以而且应该引领社区的复兴和自然资源的恢复工作。"在这章的结尾，Storm 直接邀请项目经理成为项目管理协会成员，并鼓励项目经理，说他们是促进地球复兴的最佳人选。他说："这话很夸张，但是确实如此。"

参 考 文 献

［1］　Joel Makower，*Energy's 'Three Rs'*：*A Primer*，June 2006.

［2］　Project Management Institute，*Combined Standards Glossary*（Newtown Square，PA：Project Management Institute，2009）.

［3］　EarthPM，*EarthPM's Five Assertions of Green Project Management*，part of mission statement，2007 c.

［4］　William McDonough and Michael Braungart，*Cradle to Cradle*：*Remaking the Way We Make Things*（San Francisco：North Point Press，2002）.

［5］　Quote provided by William McDonough，FAIA，used with permission.

［6］　The Natural Step，"4 Sustainability Principles，".

［7］　J. LeRoy Ward，*Dictionary of Project Management Terms*（Arlington，VA：ESI International，2008）.

[8]　Starbucks Corporation, *Fiscal 2007 Corporate Social Responsibility Annual Report*.

[9]　Scott Case (Terra Choice to U. S. Congress), quoted in "Eco – design or Greenwash? Steering a Path through the Misinformation," presentation by Christopher Kadamus, Cambridge Consultants, Cambridge, England.

[10]　*Oxford English Dictionary* (2nd ed.), 2009.

[11]　The Green Life, *Featured Greenwasher*.

[12]　Ibid.

[13]　"Eco – design or Greenwash?," presentation by Christopher Kadamus, Cambridge Consultants, Cambridge, England.

[14]　American Wind Energy Association, *Wind Energy Basics: What Is Wind Energy?*

[15]　The California Energy Commission, Energy Story, Chapter 15: Solar Energy.

[16]　National Science Foundation, *Fact Sheet: What Is Green Gasoline?*

[17]　WastAway, welcome message on home page.

[18]　Storm Cunningham, "Global Trends in Project Management," in *Project Management Circa 2025*, ed. David Cleland and Bopaya Bidanda (Newtown Square, PA: Project Management Institute, 2009).

第3章 绿色项目的基本原理

3.1 绿色、质量与绿色度

我们喜欢用一个方程式和一个新的词语来揭示绿色和质量的关系。这是一个简单的等式：

$$绿色＋质量＝绿色度$$

绿色度是评价工程绿色质量的一个新的度量。它并没有非常长的历史，也没有像 Philip Crosby、W. Edwards Deming（戴明）以及 Joseph Juran 这样杰出的人做后盾。但是，无论这些人是否意识到，他们都奠定了绿色度发展的基础。其实，绿色度和质量有很多相似之处。当一家公司百分之百依靠检测确保质量的时候，工作中须保持某种工作态度，即任何"错误"都能被检测人员发现。此外，检测工作是枯燥乏味的，导致这项工作自身出现了一系列问题，比如检测人员由于厌倦而未能检查出一些有缺陷的产品。检验工作要求警惕性。因此，像对待质量一样，在设计阶段就应保证绿色度，而不是依靠检查保证绿色度。项目过程和它的成果应是可持续性的，而不是要求工作者在工作中一直保持警惕。绿色度对项目产品及其管理过程来说，是一项具有前瞻性和整体性的工作。

从质量大师这里我们还可以学到关于绿色度的什么知识呢？让我们看看表 3.1。

表 3.1　　　　　　　　　不同质量大师的理论和绿色度比较

Philip Crosby	W. Edwards Deming	Joseph Juran	Earth PM（绿色度）
与要求的一致性	目标一致性（中途不改变任何策略）	针对具体过程的具体标准和规范	与要求的一致性
预防比检验更可取	停止依赖检验		必须有计划地进行
零缺陷	不接受"足够好"的说法		不接受"足够好"的说法
质量免费	打破部门之间的围墙；评价项目不能仅看价格；不断改进	劣质有代价；过程的稳定性和连贯性；"突破"从而达到更高的目标[a]	绿色度免费；检查绿色原料的供应链；不断改进

[a]　Juran 研究所。

34

Philip Crosby 有时被称为质量管理之父，他发表了关于质量管理最具影响力的声明——"质量是免费的"。1979 年他发表著作《质量免费》，这本书的副标题对绿色度而言有更多的意义："怎样管理质量，使质量成为你事业收益的来源"。绿色度也必须按照同样的方式来管理，当然我们知道项目经理领导着绿色度的管理。在第二部分，我们将详细讨论在项目的每一个阶段项目经理应该怎样确保项目的质量。比如，在项目开始阶段，必须积极地坚持质量管理。Philip Crosby 认为"要时时且积极管理以确保绿色度"。Philip Crosby 的另外两个观点是："预防可能出现的与绿色度相关的问题比返工、报废、检修更能降低费用""第一次就把工作做对总会划算一些"。当你考虑质量或者绿色度的时候，你应该想到如果工作没有做对的话，可能衍生短期或长期后果。在"不满足质量要求的代价"列表中，由质量导致的相关问题很明显：因产品报废重做、额外的担保工作、法律的风险以及机构名誉受损而增加的成本。绿色度问题，尽管没有像质量问题那样明显，但是对组织一样不利。如果当今这个时代不考虑绿色度，消费者还会继续购买那些产品吗？如果不考虑绿色度，根据新的规章和标准，项目能看到希望吗？或者它是否会陷于法律诉讼的困境呢？如果不考虑绿色度，那么，就像成千上万的科学家关于气候变化的主张那样，产品和企业产生的问题会留给我们的后代。在这些问题之中，最重要的是环境问题。甚至稍微推迟执行绿色度理念，都将导致企业损失百万收益、丢失市场份额。Philip Crosby 另外两个与绿色度直接相关的观点就是："第一次就把工作做对总是会便宜一些"；"质量是免费的，但它不是礼品"。[1]

我们也在戴明的质量倡议中看到与绿色度类似的内容。当他首次提出"十四要点商业哲学"的时候，他遭到了抵制。如果你想对这个哲学体系定义有一个全面的了解，你可以查询相关网站。20 世纪 50 年代早期，戴明提出了他的商业哲学，他的"十四要点"可以精练到三个方面：目标一致性、持续改善、打破部门之间的围墙。然而，美国商业界明显反对戴明的思想。他们认为美国当时正在制造市场上最优秀的产品，他们不会遇到任何竞争对手，他们最了解自己的消费者。戴明试图去告诉他们事实并非如此。他说，美国商业过于依赖过去，竞争即将来到，消费者将会驾驭市场。市场上产品的领先只是暂时的。

当戴明发现在美国没有人会接受他的观点的时候，他便将眼光放到了愿意学习的日本人身上。过了一段时间之后，我们都知道美国制造电子器件和汽车等商品的市场发生了什么。世界与戴明极力宣售他的质量理念的时代已大不相同。我们现在知道这个世界是如何与环境紧密相连的。太平洋沿岸地区的人口激增影响了欧美，如此负重，已经限制了世界资源，比如能源和食物。孤立主义并不是一种选择。然而，绿色度面临相似的问题，而这些问题也是早期的质量管理大师比如戴明所面临的：对于成本与收益的误解、强硬的领导层、存在于人们心中"我们已经按照这种方式做了这么多年"的态度等。我们将面对项目管理一个相对较新的领域。确切地说，自 20 世纪 50 年代开始，项目管理作为一门学科，至今已有一段时间。对于这门学科而言，1969 年成立项目管理协会是一个重大事件。自那以后，该领域的知名度和影响力逐渐攀升。如今，项目管理协会在全球拥有数十万会员（图 3.1）。

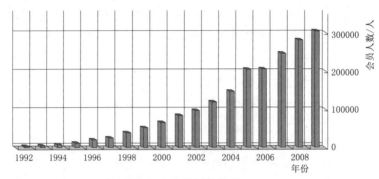

图 3.1　项目管理协会会员增长情况（1992—2009 年）

项目经理的关键作用是能在绿色度的工作中提供强有力的领导。二者之间有什么联系呢？项目经理在项目中直接管理资源消耗，他们能够从项目一开始就在项目中贯彻生命周期思想（表 3.2）。

表 3.2　　　　　　　　　　　质量/绿色度品质三部曲[a]

质 量 规 划	绿 色 度 规 划
识别谁是顾客。	识别谁是顾客。
确定顾客的需求。	确定目标。
把这些需求翻译成我们的语言。	翻译这些目标（SMARTER）[b]。
开发能够满足顾客需求的产品。	制订实现这些目标（SMARTER）的计划。
优化产品特性，满足自身和顾客的需求	优化绿色目标，满足自身和顾客的需求
提 高 质 量	提 高 绿 色 度
开发能生产该产品的工艺流程。	开发能够处理绿色度问题的流程。
优化工艺流程	优化流程
质 量 控 制	绿 色 度 控 制
证实该流程在运行的情况下能够生产出产品，且需要的检测最少。	证实流程能够生产出高绿色度的产品，且需要的检测最少。
把流程应用到生产中	确保产品是环保的

[a]　以 Joseph Juran 的《质量控制手册》中的质量管理思想为基础。《质量控制手册》，Frank M. Gryna，纽约：麦格劳希尔出版社，1988；

[b]　更多关于 SMARTER 的信息，见第 2 章。

Joseph Juran 从事质量领域的研究已有 70 多年。他的主要贡献是他的著作《质量控制手册》，在 48 年后的今天，这本书仍然在使用。他运用统计方法，如帕累托原则（二八定律），帮助企业了解和改进质量管理的方式。但是，我们认为他的理论对于绿色度而言，最重要的借鉴之处在于解决质量问题（绿色度问题）的关键是将人类的问题隔离开来。具体来说，人类很容易抵制变革。绿色度概念，就像质量概念一样，是一种文化变革。一旦抵制变革的这个问题被理解并处理，绿色度就像质量一样，将会成为产品的第二天性。在设计阶段就应保证绿色度，而不是依靠检查保证绿色度。再次强调，项目经理是领导文化改革的必然选择，因为根据定义，领导项目就是引领文化的变革（表 3.3）。

表 3.3 　　　　　　　　　　　　**绿色理念力图解决的问题**

作者或资料来源

Friedman	"自然之道"机构	美国环境保护署	Esty/Winston	欧洲环保机构
绿色理念力图解决的问题：				
全球对稀缺能源的需求 财富转移到石油资源丰富的国家和石油独裁者 破坏性的气候变化 能源匮乏 生态多样性加速消失	从地壳萃取的物质的浓度 社会产生的物质的浓度 物理方式引起的恶化 人们为了满足自身的需求不断破坏环境	水 空气 气候 浪费/污染 绿色生活 人类健康 生态系统	水资源稀缺 资源限制 全球变暖 物种灭绝 人类和动物体内有毒化学物质增加	气候变化 平流层臭氧耗尽 生物多样性消失 重大的事故发生 物质酸化 对流层臭氧 清洁水的管理

3.2 减少非产品输出

非产品输出（NPO）是一个非常有意思的说法，它被很多人用来描述与产品相关的废弃物，但它不是最终产品的一部分。本质上来说，对于废弃物要优先考虑重复使用和回收利用，但是仅做到重新设计和减少废弃物已经让人筋疲力尽。减少非产品输出的第一步就是重新设计产品或者生产流程，最大限度地利用所有必需的原材料（包括人力资源），最终实现零浪费的生产。比如，如果产品需要使用一次性电池，也许可以重新设计为可充电电池。然而，排除产品或生产过程中所有非产品输出几乎是不可能的。伴随产品的产出总会产生一些副产品。毕竟，人类呼吸时都会排出副产品 CO_2。

减少非产品输出的第二步就是减少使用产生废弃物的原材料。还是以前面的例子为例，利用现有的新技术，您正在设计的使用 4 节 AAA 电池的产品可能被使用 2 节 AAA 电池的产品代替。看似仅仅减少了 2 节电池，但是，乘以卖掉的产品数量，就可能减少了成千上万的电池。这将会使产品更具有吸引力，因为维修该产品的成本更低。

第三步是再利用。再利用和回收利用有着显著的区别。再利用指不必再对被利用的那一部分做任何处理。回收利用意味着再次利用之前需要进行处理。计算机行业是废弃物再利用的榜样。总会有一些电脑零件不能使用，比如电脑主板。这时，购买一台新电脑会比维修电脑主板更划算。拆下来的存储芯片、硬盘驱动器有时仍然可用，这些零件可以用在新电脑中。旧电脑被回收利用，有一些零件就可以被再利用。

对于每一个产品和每一项生产流程，都有减少非产品输出的方法。有一点显而易见，那就是再设计和再利用使用得越多，非产品输出就越少，回收利用也越少。项目经理可以采取措施减少非产品输出，如在项目前期阶段就制订减少非产品输出的计划。

美国新建的民宅工程每年木材和胶合板的消耗量占美国年消耗总量的 2/5。美国每年有 200 万 t 的稻草被农民焚烧或者埋在地下，而这些足够建造 500 万套 2000 平方英尺的住宅。

3.3 项目管理机构和绿色度

为了深入讨论，作者正在对《项目管理学科指南》（PMBOK 指南）第五版做出一些修改。第四版出版于 2008 年 12 月 31 日，第五版的发行还需要几年的时间。现在是把这些改变放进这本书的最佳时间。这些改变包括一个新的项目管理计划的附属计划，称之为环境管理计划（environmental management plan，EMP）[2]。这个计划会特别关注项目的环境影响和可持续性。对于这个计划的投入包括项目环境目标、环境政策和环境风险。将会提供一个模板，跟质量管理计划模板一样，EMP 也包含了对管理范围、利益相关者、组织政策和风险记录的考虑，并会使用跟质量管理相似的管理工具，如基准测试、成本收益分析、绿色度成本等。此外，一个新的量度——赢得环境值管理（earned environmental value management，EEVM）将会用于监控和评估项目的环境绩效差异。

随着新计划的增加，在项目管理中还存在其他与绿色度相关的重要领域。在项目章程的创立期间，应该要考虑环境和可持续性。在项目的范围描述和战略规划中应包括环境因素这项业务需求。在《项目管理学科指南》[3]中列出了生态影响和社会需求，但它们的列出仅仅只是为了实现这些项目目标。我们认为任何项目都与环境影响和社会需求相关联。作为绿色理念的领导者，项目经理应该在这些方面做更为广阔的实践。

更进一步，力求把绿色度融入到项目经理的基因库中去，我们认为在项目的道德准则和职业操守规范[4]中应该更多地考虑项目环境。道德准则和职业操守规范中简要提到了自然环境资源，但是，由于全球形势的严峻性和我们声明的严肃性[5]，我们的承诺应更有力。项目管理协会已经将这方面的内容写入更新的核心价值中（首要价值——项目管理效果），它是这样表述的：项目管理是一项对组织绩效和社会产生积极影响的关键性能力。这样的陈述有点模糊，但是我们坚信它涉及项目及其产品的可持续性和环境影响。

我们提出以下内容将包含在我们的承诺中：

我们对可持续性的承诺意味着我们将在项目中（包括项目本身及其产品）致力于消除或减少以下不利因素：

- 地球生物圈复合物和化学物质的增长；
- 对自然和自然过程不断进行的物理退化和破坏；
- 破坏人类满足自身基本需求能力的因素（比如不安全的工作环境和不足以维持生活的工资）。

苹果公司的温室气体排放量将近 1020 万 t。网站显示，"从 2006 年到 2009 年，通过减少 40% 的包装，我们在每一个航空运输集装箱中可以多装 50% 的货物，这样每运送 32000 件货物就能节省一次 747 航班的运输。"苹果公司因此提高了可回收利用产品的比例，2007 年该比例为 18.4%，2008 年为 41.9%。同时，预估 2010 年比例将达到 50%。最后，苹果公司通过安装专门的传感器来减少设备的能源消耗，从而节约了数百万千瓦电能。

3.4 绿色度的成本

前述章节我们讨论过绿色度的成本。如前所述，在建设和反对的来源方面，绿色度成本跟质量成本有类似之处。为了将绿色度植入一个项目，讨论未能将绿色度渗入一个项目里的影响是有意义的。那么什么是绿色度呢？绿色度可定义为项目符合一系列环境和可持续性的要求。我们更倾向于认为绿色度是利益相关者的需求和期望。绿色度的重点是项目所消耗的环境资源的可持续性问题。从一开始（早期规划阶段）绿色度就被植入到项目中，所有的参与者，包括项目团队，都会使目标与期望相匹配。因此，应从项目的内部和外部植入绿色度（见本章的后面部分"利益相关者"）。当我们谈论从项目的内部植入绿色度时，我们也认为执行团队关注绿色度，并将与团队其他人同心协力提高项目的绿色度。赢得环境值管理是一种常见的目标管理工具，它被用来监控项目的绿色度。因此，绿色度的成本构成跟质量成本是一样的：预防成本，鉴定成本，损失成本。前期还需要成本培训个体、管理人员、项目经理，设置项目的环境和可持续性目标也需要成本，还包括为了开发有助于项目实施的工具而投入的成本。另外，准备和参与项目绿色度评审也需要时间和精力。当然，监督及控制环境和可持续性目标也会带来成本的增加。用于评价项目产品和项目管理过程的数据收集和分析的费用也要计入成本。最后要说的是，损失成本是你为绿色度投资的原因。有一些损失成本是短期可见的；而有一些则难以列举，甚至需要几代人的时间才能看出它的增长。如果前期预防和评估没有奏效，由此失败导致的成本，包括内部损失（回收利用，再利用，再加工）和外部损失（丧失信誉和担保），在大多数情况下将会远远超过预防和评估成本；长期的影响也会超越底线。因此，鉴于 Philip Crosby 认为质量是免费的，我们也可以认为绿色度不仅是免费的，而且它很有可能为一个组织盈利，对绿色项目的项目经理来说，这是一个必须让项目利益相关者了解的正面消息。

3.5　项目生命周期思维方式

高效的项目经理擅长用"全球眼光"看待问题。他们的思维方式就是项目生命周期思维，也就是从项目的启动到项目结束，包括后续工作。运用绿色生命周期思维方式是非常重要的，因为在项目的每一个阶段，环境影响是不同的。如果要理解项目生命周期思维方式，定义项目生命周期就非常重要。这里有很多方式来描述项目生命周期：

- 计划，组织，控制
- 计划，执行，控制
- 启动，计划，执行，监控，结束[6]
- 概念，要求，建筑设计，详细设计，编码和开发，测试和实施（经典的软件系统设计）

无论是哪个阶段，使用什么样的进程组，项目生命周期中都有一项因素会显著影响环境，即项目的可持续性，它的长远效益超越了传统的项目思维方式，当然，也延伸到项目产品移交给业主之后。

3.6　可持续性的项目周期

无论项目生命周期被如何定义，我们都非常熟悉项目生命周期：

- 计划，组织，控制
- 计划，执行，控制
- 启动，计划，执行，结束
- 计划，设计，实施，展开

我们可能对于被我们称作"可持续性的项目周期"的概念并不是那么熟悉。它可以被定义为一个项目完整的周期，这个周期不仅包括从项目启动到实施的阶段，还包括超出项目定义参数的阶段。也就是说，项目（或可持续性）真正的结束应该是项目不再以任何形式存在。举一个例子，把一个聚苯乙烯杯子送到垃圾填埋场。我们把聚苯乙烯杯子看作是一个项目的产品，它的确如此。这个产品经历了概念阶段、计划阶段、生产阶段、部署阶段，然后项目经理开始了另一个项目。将杯子生产出来可能达到了那个项目的项目生命周期的最后阶段，但并不是它的可持续性生命周期。这个杯子的可持续性周期可能是永远的。据 William Rathie1989 年 12 月发表于《大西洋》的一篇文章，"任何东西，包括纸、塑料甚至食物，在垃圾填埋场中都不容易降解，这是不应该的。因为降解会产生副产物，有害的液体和气体，会污染地下水和空气，所以现代垃圾填埋场被设计为缺少降解所需的空气、水和阳光的场所，从而阻止了垃圾的降解。"这可能是一个比较极端的例子，但是，项目经理"理解项目的绿色因素"[7]必须要考虑可持续性生命周期。与项目概念阶段有关的内容将在本书的第二部分深入探讨。

3.7　环保的范围

众所周知，了解和控制一个项目的范围是项目管理责任的核心内容。如果能将这方面做得很好，项目经理就是成功的。那么"环保范围"存在吗？确切地说，它跟我们在前面谈论过的生命周期思维是相同的。在考虑项目环保范围时，项目经理（团队）采用前面提到的环境视角和生命周期观点很重要。考虑项目本身和项目过程（特别是项目消耗的资源），以及项目产品和项目在运行过程中消耗的资源，环保范围就能被确定下来。嗯，不仅仅是这样吧。我们也可以断言，项目经理必须要拓展他们的视野（见第 9 章和第 10 章），关注项目产品被处理的时间点。从那个很远的未来时间点（从项目经理的角度）来看，那时可能存在的环境因素会反馈到现在，并影响现在的项目环保范围。例如，即使这个项目是风电场或者其他的绿色项目，但当这个风电场被拆除的时候，项目团队全盘考虑好了将会发生什么吗？像这样的考虑就应该反作用到项目环保范围的确定上，因为它可能会改变建设中使用的涡轮塔和叶片材料。

3.8　环保风险

首先回想，风险被定义为威胁和机会。消极的风险被认为是威胁，然而积极的风险就被认为是机会。理解了风险的定义，项目经理就可以理解很多项目环境因素及其影响的确属于项目风险（威胁和机会）。

然而，最重要的是，在项目的各个阶段都不能忽视环境风险。环境风险的完整定义、管理项目环境影响（风险）的工具和技术将会在第二部分讲到。在这个阶段，还需要注意的是，还有一个阶段也是重要的，即可持续性阶段，尽管传统的项目经理不会考虑这一点（见第 10 章），但运用项目生命周期思维方式时必须要考虑这一点。

Cape Wind 公司正提议在楠塔基特海峡的霍斯舒浅滩建立美国第一个海上风电场。在离最近的海岸数英里的地方，130 台风力涡轮机将优雅地利用风能产生高达 420MW 的清洁、可再生能源。

"拯救我们的海峡"是一个非营利性组织，这个组织致力于楠塔基特海峡的长期保护工作，成立于 2001 年。该组织的成立是为了响应 Cape Wind 公司在这个海峡建设风电场的提议。

3.9　利益相关者

当运用环境视角去看待一个项目的时候，是否会发现更多的利益相关者呢？肯定如此。它是否会改变你已经形成的对利益相关者的利益、权利和影响力的看法？当然，我们认为是这样的。它能影响到你已经形成的对利益相关者关系的看法吗？绝对能！因为项目管理协会将利益相关者定义为以任何方式被项目影响到的人。我们现在可以说，"未来的几代人"是所有项目的利益相关者。有些人可能认为这样说有点肤浅，但采用这样的方法确定利益相关者确实是确保绿色要素成为项目焦点的好办法。

参 考 文 献

[1]　Philip B. Crosby, *Quality Is Free* (New York：Penguin Putnam，1980).

［2］ PMI proposal by Rich Maltzman and Dave Shirley.

［3］ *A Guide to the Project Management Book of Knowledge*，4th ed. （Newtown Square，PA：Project Management Institute，2008）.

［4］ The Project Management Institute，Code of Ethics and Professional Conduct.

［5］ The Five Assertions of EarthPM.

［6］ *A Guide to the Project Management Book of Knowledge*，39.

［7］ The Five Assertions of EarthPM.

第4章 项目类型：各种各样的绿色项目

所有项目都有一些"绿色"元素。但是，不同的项目所包含的环境和可持续性因素以及这些因素如何发挥它们的作用，存在着不同程度的差异。绿色项目管理的5个主张适用于所有的项目（图4.1），但是有一点需要特别注意：项目的环境保护策略为项目以及项目产品的成功提供了更多的机会。毕竟，我们所追求的不就是项目的成功吗？同样的，我们的想象——甚至说我们的常识，迫使我们扩充了成功的定义，要求我们把项目的产品也包括进去。我们往往过于关注项目产品和顾客之间的交流，就好像我们过分关注游戏的结果一样，以至于有些时候我们忽略了这样一个事实：真正的成功意味着顾客通过项目产品而取得成功——并且处在一个稳定的状态。

---

1. 怀有绿色环保理念去运行项目是一件有价值的事情，同时它也会帮助项目团队去做有价值的事情。
2. 项目经理必须首先了解项目的绿色环保问题，这会使他们更好地辨别、处理和应对项目风险。
3. 项目的环境保护战略为项目以及项目产品的成功提供了更多的机会。
4. 项目经理必须从环境保护的角度去审视他们的项目。它促进了项目经理（以及项目团队）对项目的长远思考，并促进了环保主义"绿色浪潮"的兴起。
5. 项目经理必须用他们对待质量那样的态度去对待环境。环境目标一定要纳入项目计划，损害"绿色度"就等同于损害产品质量，造成的不良后果是无法通过节约和提供机会所能抵消的。

图 4.1 绿色项目管理的 5 个主张

绿 色 项 目

每年要从个体、企业和当地政府那里回收 15000 加仑的多余油漆和 180 万磅的剩余建筑材料。

通过零售商店、工作坊以及外联活动，每年为超过 15000 位忠诚且坚定的顾客提供服务。

每天阻止大约 3t 可以再次使用的材料被丢弃至垃圾场，这就相当于每年将 180 万磅的垃圾重新投入使用。

回收利用废纸、报纸、铝制易拉罐、罐头瓶、家用电器，以及瓦楞纸板。

经营艺术品回收，提供可回收的艺术用品。

如果想了解项目经理怎样管理绿色项目，我们必须先了解根据绿色度划分的项目类型。

我们发现了绿色项目的范围（图4.2），这个范围从狭义的"特定意义的绿色项目"延伸至"广义的绿色项目"。让我们一个一个地来看看这些项目。

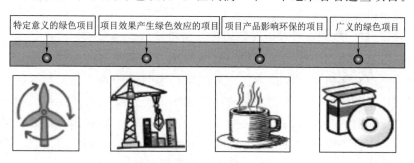

注：尽管有明显的重叠，但是不同项目的绿色范围不相同。
我们从文中的例子可以看出绿色项目的范围。

图4.2 绿色项目的范围

4.1 特定意义的绿色项目

特定意义的绿色（Green By Definition，GBD）项目指项目产品或其产出全部都是可持续性的或者是环保的项目。这里我们讨论的是致力于节约资源、创造清洁能源、保护自然资源或者防止自然物种减少的项目，以及其他符合这些原则的项目。通常，我们可以说这些项目的重点在于自然之道[1]。

特定意义的绿色项目中最为环保的项目之一是命名为"绿色项目"的一个项目，这是新奥尔良市一个致力于促进和鼓励环境可持续性的非盈利组织[2]。这个组织经营一家建筑材料回收商品，该商店提供的产品来自该组织自己的解构和打捞作业，以及社区其他人提供的材料。绿色项目源自中城（Mid-City）绿色项目，是基于加拿大和美国模式而设计的一个多功能创意回收中心。1994年，在颜料交换项目之前，它是一个正常运转的非盈利组织，拥有合法的税收地位、董事会，租用了一个大仓库（前金海豹奶油公司，Gold Seal Creamery）。启动颜料交换项目的原因是没有其他人在做这件事，但是这件事需要有人去做。该项目将有可能获得Entergy公司1000美元的环境匹配奖助金。在第一家"星期六颜料收集店"开张之前，他们确实收到了奖助金，做了研究。他们向媒体发送了新闻稿，稿件上绑着微型画笔，他们很快便得到了强烈的反响，所有邻居的孩子也积极响应。所以第一个星期六就成了儿童艺术项目的开端。来自本·富兰克林（Ben Franklin）高中绿色社会组织的志愿者们在奶油厂后面找到了花盆和旧椅子，让孩子们绘画。在此之后，每个星期六，他们都为社区和顾客的孩子组织艺术活动，后来又组织园艺活动。不久之后，奶油厂的业主让他们使用厂区中间的空地，绿色项目组织开始利用社区花园和绿色项目花园，他们将花园里种植的植物和蔬菜拿到新奥尔良市的农贸市场售卖。这样的活动一直持续到该组织离开奶油厂，搬至马里尼。

"绿色项目"组织获得环境保护局第一份可持续性资助后，也在奶油厂启动了建筑材料交换项目，这个项目很快成为绿色项目最主要的组成部分，它的发展促使该组织几年后搬离了奶油厂。虽然绿色项目组织意识到，与本区域大量的浪费相比，节约材料和回收利用的影响很小，但该组织是其他组织和个人的榜样，希望他们的日常行为能做一些小小的改变。通过树立榜样，教育成员和公众了解合理管理废物的重要性，绿色项目组织能够对其他组织的行为产生积极影响，阻止成千上万吨可用的建筑材料被运送至垃圾填埋场。

人们经常会问："是什么使绿色项目与场地重建项目，或者其他的盈利性建筑援助项目有所不同？"在从事绿色项目的人看来，他们选择一种具有环保责任心的生活并不意味着自我牺牲和约束，或是接受昂贵的现代技术。恰恰相反，它会带给你一种更加丰富、有趣、长久和健康的生活。为此，运用各种方法来促进创造性、实践性的回收利用。教育研讨会、艺术品回收项目、电子垃圾回收、乳胶漆回收以及学校和社区的宣传活动与回收建筑材料的零售商店一样重要。

对项目最有利的是项目获得了社区的支持，很少有人反对，尽管来自新奥尔良市的财政支持非常困难。

另一个规模较小的特定意义绿色项目的例子是纽约市的屋顶微型风力发电厂项目。这其实并不是一个新的想法。在 20 世纪 70 年代中期，一个团队在纽约市曼哈顿东部村庄的一家屋顶安装了一个耐用的微型涡轮机，但现在它已被提升到一个新的高度（请允许使用这个双关语）。时光快速推移至今天，开发人员设计建筑时，希望能利用风力发电来提供部分能源。随着油价上涨和"绿色浪潮"的到来，人们越来越多地考虑使用可替代能源。风力发电厂一般建在开阔的区域。而如何在都市的建筑物上合理设计屋顶发电厂是建筑师和风能产业面临的巨大挑战。

小型风力发电厂项目实际上是较大的绿色项目的一部分，坐落在布朗克斯的埃尔托纳，是一幢有 63 个单元、5 层楼的楼房，供低收入居民租住。它完全由预制混凝土建造，由纽约州的住房和社区重建家园工作家庭计划和纽约市的房屋与发展公司的低收入经济市场计划合作完成。该建筑也将成为西奈山医学院的研究对象，旨在研究绿色建筑对生活在其中且有哮喘病人的家庭的影响。

这栋大楼将安装一系列不需要润滑的密封涡轮机，每个涡轮机的额定功率为 1kW，使用寿命为 40~50 年。涡轮机安装在有栏杆的墙上，这是一个最近才被联合爱迪生电力公司（纽约市电力公司）批准的系统。从有利的方面考虑，小型风力发电厂项目可以产生清洁能源，并且不会产生有害排放物。如果建筑物的风力资源充足，建设那些小型发电厂的成本很有可能被建筑物所节省的电能抵消。

正如之前所说，这是一个新的突破。因为没有足够的时间去评估这个项目，所以没有人知道小型发电厂将取得怎样的成功，需要多少风力发电设备，安装发电设备的最佳方式是什么，最终设备会给建筑增加多少重量，更没有人知道采取何种好的方法去测量楼顶风力的大小。到目前为止，也没有建立合适的程序。2009 年 7 月，风力发电场才第一次应用于埃尔托纳大楼，现在就说它能够很成功地为大楼提供所需电力还为时尚早。尽管负责建设该大楼的蓝色海洋开发公司（Blue Sea Development Company）表示，他们已经做了足够的调查研究，认为这个项目是值得投资的。当然，一切还有待观察。

与特定意义的绿色项目略有差异的是绿色津贴（Green Allowance，GA）项目，由 Paul Reale 创立并领导。这是一个非常聪明的项目，它将经济激励与约束稀缺资源使用结合起来。这是一个与人有关的"绿色"项目。不，不是绿巨人，而是一个旨在改变行为的项目。这个项目的重点是鼓励孩子们"帮助"父母节约资源，并参与节约能源。同时该项目会给孩子们提供非常具体的技巧和技术，让孩子用行为去影响他们的父母。这些技巧和技术不会快速地教给孩子，而是像搭积木一样，让孩子们一点一点学习。第一次教育的目的是如何节约用电，接下来的教育将关注节约水和其他有限的资源。每次教给孩子们一点知识的原因是不想让他们不堪重负，不管孩子们参与与否，所有的项目经理都应该考虑到这些事情。此外，绿色津贴项目将在其网站上提供追踪方法，以便孩子们可以记录和追踪他们的节能工作。

孩子们会从与父母达成的协议中得到回报。例如，如果某个月的电费账单显示这个月的电费比前一个月孩子没有参与时的电费节约了 20 美元，那么孩子们将获得节约费用的 50%，他们将得到 10 美元的津贴。评价事物的能力是项目管理的关键技能之一。展示项目价值的能力同样重要。

绿色津贴项目的另一个优势是电力公司也像孩子和家长们一样对节约能源感兴趣，他们的出发点是一样的，考虑经济因素，对设备进行升级以及扩充发电设施都是非常昂贵的。在一些受监管的州，利润和销售量无关，这是促使电力公司节约能源的另一个动机。即使最无私的人也会问："我能得到什么？" Gary Hirshberg 的著作《燃烧激情》（*Stirring It Up*）的副标题就是——如何赚钱，如何拯救世界[3]。金钱与环境听起来好像并不相互联系。事实上，今天这个时代它们之间的联系非常紧密。

除了项目的产品，还设立绿色津贴，项目本身同样要注意环保。绿色津贴项目致力于减少碳排放。Paul 为减少他自己的碳足迹做了一些工作：当有人必须去见顾客时，他们会购买碳补偿。正如之前我们所说，碳补偿可能存在争议。在 Paul 看来，"我们生活在一个高碳的世界，在向碳中性社会转型之前，我们必须面对它，为了达到零排放，你必须放弃一些东西"[4]。这也是作者想要表达的观点。

进一步地，持续评估这些项目或者别的项目如何运用资源再一次促使项目管理经理倡导绿色项目。项目经理一直是这样做的——对资源进行评估，有效地使用可用资源。

事实上，绿色津贴项目，正努力在它所接触的孩子中培育出数百万的项目经理。每个孩子参与到保护有限、稀缺资源的小型项目中。他们将使用各种工具和技术管理期望值，查看实际的能源消耗数据，并在项目成功时，以津贴的形式得到回报。

特定意义的绿色项目的其他例子包括林业土壤改良、建立野生动物保护区、提高环保意识（全球峰会）、碳交易项目（捷蓝公司）、碳补偿（TerraPass 公司），以及一条通勤铁路线。

沙漠计划是属于这一类的一个比较古老的项目，许多美国人从来没有听说过。"太阳提供了一种解决问题的办法：在六个小时的时间里，沙漠获取的能量比世界上所有人在一年内消费的总量还要多。"[5] 我们必须面对的唯一问题是：怎样才能把这些辐射能量经济地转化为有用的能源并让消费者能够使用？

沙漠计划的概念为此提供了一种解决方案。《沙漠计划红宝书》（DE-SERTEC's Red Paper）[6] 第六页写到，"事实上，在接下来的几十年，它将会有效地同时解决之前提出的所有问题：能源短缺、淡水和食物、二氧化碳的过度排放。同时，到目前为止，从经济的角度来看，地区发展成效并不是很好，对经济领先国家承诺的新的机会也没有实现，这个概念为地区繁荣和发展提供了新的选择。"

德国航空航天中心（German Aerospace Center，DLR）的研究表明，在 40 年内，太阳能热电厂能够同时满足欧洲、中东、北非地区一半以上的电力需求。

沙漠地带有着丰富的清洁能源

赤道南北两侧，沙漠覆盖了地球。通过现代可用的技术，沙漠可以为全世界 90% 以上的人口提供清洁能源。

为了满足当今全球每年 18000TWh 的电力需求，太阳能热电厂的太阳能收集器将会覆盖全球大约 3‰ 的沙漠（约 90000km²）。约 20m² 的沙漠将足以满足一个人一天一夜的电力需求（见后面的讨论），所有这些都不会产生二氧化碳。

考虑到政治因素，有可能在不到 30 年的时间里使所有人了解沙漠计划的概念。

  沙漠计划概念将使世界上大多数人能从能源丰富的沙漠地区获得太阳能和风能。这将是对每个地区可再生能源资源的有效补充。通过使用高压直流（HVDC）传输线，可以以每 1000km 不超过 3％ 的损耗传输电能。考虑到沙漠地区日照强度相对较高，夏季和冬季的差异相对较小，在沙漠地区发电的收益将高于远距离传输成本更多。世界上 90％ 以上的人口居住在距沙漠 3000km 以内的范围，并可能从那里获得太阳能电力[7]。

4.2 项目效果产生绿色效应的项目

  项目效果产生绿色效应的项目包括那些可能不是绿色的，但仍对环境有积极影响的项目，比如电动汽车。可以说，每一个项目都对环境有直接影响，这种陈述是不会有错的。但是，我们这里指的是那些对环境有直接重大影响的项目。这些项目可能是也可能不是绿色项目，但从本质上说，它们将明显影响环境，不管是积极的还是消极的。项目实施过程和产品将对环境产生积极或有意义的影响的项目也是绿色项目。我们将详细阐述两种项目——海上项目和地下项目。

4.2.1 海上项目

  阿拉伯联合酋长国的迪拜港正在进行一项巨大的工程。迪拜需要扩建设施，使港口能容纳日益增多的游船，这正是该项目背后的推动力。有选择的改变港口、填充和搬迁企业，从而重新配置港口，或者提出一个新的解决方案。无论哪种方式，该项目都将对迪拜的环境产生重大影响。结果是提出一个新的解决方案，不会涉及重新配置现有的港口，更确切地说是建立一个浮动的游船码头。来自荷兰建筑公司的 Koen Olthuis 提出了一个独特的解决方案。基于他的家乡荷兰曾经采用的浮动房屋的技术，Koen 曾经设计了一个三边均为 300m 的三角形浮动码头，应迪拜政府的要求，他设计了一个三边均为 700m 的三角形浮动码头，一个角就有 35m 高。把角建得这么高是为了使客运游艇通过漂浮码头下部进入内港。三角形的外边缘用于停靠最大的邮轮，码头内部有零售商店、餐厅、酒店、会议室等等。从远处看这个工程，它就像三个超大邮轮重叠在一起。

  项目对环境产生的直接影响程度显而易见。对一些环保人士来说，这种发展是 Koen 所说的"不留疤痕"。换句话说，填湿地、挖地基，或拆除现有沿海滨的建筑物，为建造如此大的项目提供空间，并没有对地球产生实际影响。但对于其他环保人士来说，这意味着项目周围水域生命的自然流动遭到破坏。将会有更多的船只运送工人往返工地。锚定器具必须固定在海底。该项目对环境既有消极的影响，也有积极的影响，这都取决于你怎么看。不管怎样，项目的直接影响带来了绿色效应。

4.2.2 地下项目

另一个基础设施项目位于马萨诸塞州的波士顿，它是一个大型开挖项目，对环境有非常重大的影响。该项目的目的是缓解波士顿市中心的交通拥堵现象。1959 年，波士顿市中心的中央干道开放，一天能够轻松运行 7.5 万辆车辆，到 1990 年初，它每天运行 20 万辆车辆，而到 2010 年，却变成了一条汽车走走停停、每天拥堵 16 个小时的道路[8]。毫无疑问，需要新的解决方案（项目）。

解决项目采取了双管齐下的方式：①用 8 至 10 车道的地下高速公路直接取代现有的 6 车道高架公路；②通过南波士顿和波士顿港地下的隧道将马萨诸塞州的收费高速公路延伸至洛根机场。1995 年，港口地下的特德·威廉姆斯（Ted Williams）隧道首先完工。

人们只能凭借想象了解项目可能对环境产生怎样直接重大的影响。最南端的地下公路有 6 个路段完全重建，包括两条地下公路。在波士顿南部，马斯派克和发展中的南波士顿海滨之间的地下交叉口是主要的交通岔道。在整个项目中重型设备部署加剧了空气质量问题；挖掘过程中的沉降保护需要落实到位，要保证疏浚的顺利完成。但是，环境受到绿色项目的直接影响，并不意味着项目没有明显的绿色成就。

大 开 挖 实 例

该项目浇筑了 380 万 m^3 的混凝土，足以修建一条能在波士顿和旧金山之间往返三次的三英尺宽、四英寸厚的人行道。

到 2010 年，每天将有 24.5 万辆车辆通过地下交通枢纽，而不是之前的 7.5 万辆。

项目总共挖掘出 1600 万 m^3 的废弃物，足够将福克斯波罗（Foxboro）球场（爱国者 [Patriots] 足球队和革命 [Revolution] 足球队比赛的地方）填平 15 次。

大型开挖产生的废弃物被用来填补一个废弃的垃圾填埋场，波士顿港的景观岛应运而生。此外，项目产生的黏土和污垢被用于填充该区域的其他废弃垃圾填埋场。据马萨诸塞州交通局（MTA）称，该项目直接导致波士顿市中心的一氧化碳量减少了 12%。另外，旧的高架公路被拆除，形成新的开放空间，有利于促进波士顿商业开放，保护城市商人的生活环境。无论什么类型的项目，项目经理都有责任了解项目环保方面的问题，提供环境保护策略，从环保的视角审视他们的项目，用绿色品质建设施工。正如大型开挖项目这样对环境有直接重大影响的项目，若项目管理得当，则可能会产生积极的影响。就控制范围、通信及合同管理来说，大型开挖项目涉及到许多其他有趣的管理问题——但是需要一本（或两本）单独的书说明它。我们只研究大型开挖项目的环保问题。

4.3 项目产品影响环保的项目

项目产品影响环保的项目是那些重点不在于环保，而在于最终产品的稳定运行，且项目本身不会受影响的项目。这些项目产品与节约能源、资源保护和栖息地保护等没有直接关系。这些项目的主要关注点不是可持续性或自然物种[9]减少的问题（即生物多样性）。然而，项目经营延伸至项目结束后。这听起来好像与项目的定义相矛盾，这是一种有明确的开始和结束的短期工作。但是我们觉得对环保负责意味要做那项工作，确保项目的长期影响。

伯洛伊特赌场项目就是一个很好的间接影响"环保"的例子。苏必利尔湖部落的齐佩瓦族印第安人和威斯康星州圣克罗伊河部落的奇奇皮瓦印第安人正计划在威斯康星州的伯洛伊特市建造一个赌场。设计的是一个赌场酒店娱乐中心。除了赌场本身，还计划在周围修建会议中心、剧院和全年水上乐园。项目明显的间接影响之一是在项目建设期间，它会提供 1500 个工作岗位，在项目运行时，会提供 3000 个永久性的岗位。而且，它将为该地区带来数亿美元的经济增长，改善该地区的经济状况，提高人们的生活质量。至少，"能够减轻我们对弱势群体实现其基本生活需求的能力的破坏（例如，不安全的生活条件和无法维持生计的收入)[10]。此外，这些部落的申请中还包括一份完整的环境影响声明，这份声明基于多年的公众听证会和考古调查，旨在保护环境和任何可能被破坏的文化遗产。

也有其他间接影响环境保护的项目，比如工厂扩建或新建设施，以及推出新的一次性剃须刀。事实上，我们在 EarthPM 网站上讨论过的一个很好的例子是一种服务单一的一次性咖啡机，就像 Tassimo 和 Keurig 的咖啡机一样——这种小的不可回收的咖啡机或杯子在使用几秒钟后就被丢弃了。

Scott Kirsner[11] 在《波士顿环球报》(*Boston Globe*) 上发表了一篇以 Keurig 咖啡机和"K - 杯"为主题的文章。绿山咖啡公司（Green Mountain）拥有 Keurig（他们在 2005 年买下它，想要了解更多信息，请访问相关网站。这篇文章讨论了 Green Mountain 的困境，该公司自认为是一家有良知的"负责任的"公司。事实上，他们的确为咖啡的公平贸易付出了努力。

但是 K -杯是另一个故事。它们是由不可回收的材料制成。虽然杯子本身很小，但是它们的数量是巨大的。仅去年（2009 年）一年就使用了超过 16 亿个杯子。计算表明这么多的 K -杯连起来的总长度可以绕地球 1.25 圈。仅仅经过几秒的使用，它们就被丢至垃圾填埋场，在那里待数百年甚至数千年。而且，这仅仅是 Keurig。还有 Tassimo、Senseo 等其他咖啡公司。K -杯 2010 年的预测销量为 30 亿个，2011 年为 50 亿个。所以现在我们谈论的 K -杯的数量，仅 2009、2010、2011 三年产生的就多达 90 亿到 100 亿个，可以绕地球 8 圈。

这促使 Keurig 公司做出如下环保声明：

为了创造更好的星球，我们做出承诺：

所有 Keurig 公司的员工首先是公民，然后才是职员，我们以公司名义承诺对商业行为负责，保护我们的环境。

事实上，我们的母公司绿山咖啡烘焙公司（Green Mountain Coffee Roasters，GMCR）在开发公平贸易和有机混合咖啡方面处于领先地位，这些对咖啡爱好者、咖啡种植者，以及我们的地球都有益。绿山咖啡烘焙公司也一直被称为商业道德的最佳典范。

因此，我们想分享我们在 Keurig 所做的工作，以及我们与绿山咖啡烘焙公司合作所做的工作，为咖啡爱好者以及企业责任最佳践行者们建设一个更好的世界。

可持续的包装

K -杯包装是所有消费产品公司关注的影响环境的主要问题，随着独立包装的咖啡和 Keurig 公司的酿造系统越来越受欢迎，我们明白 K -杯包装废弃物是对环境最大的挑战。K -杯包装由三个主要元素构成——杯子本身，过滤器和铝箔。聚乙烯涂层的铝箔以及各种元素的热密封过程使得它很难被回收利用。

但是，这种包装方法能防止氧气、光照和水分损害咖啡质量，若没有包装材料提供的保护屏障，我们无法保持咖啡的新鲜。这意味着所有投入生产和烘焙高质量咖啡的资源和努力都将被浪费。找到一种更加环保的方法应对包装挑战对于我们是重中之重。我们正在从几个不同的方面提高 K -杯系统的环保特性，以及减轻其不利影响。

这是我们正在做的事情：

我们正在积极研究新的材料替代以石油为基础材料的 K -杯包装。

我们正在进行生命周期分析，来帮助我们理解使用 K -杯包装相对于使用典型的啤酒瓶装对环境的全部影响。"K -杯生命周期"路上的每一步都考虑了环境因素。通过研究 K-杯的整个生命周期，我们可以更清楚地了解我们可以以何种方式以及在何处减少它的足迹。

我们设法确保所有的包装对"环保"作出正确定义，包括 K-杯包装。例如，这可能意味着碳中和，由可再生材料制成，可回收，可生物降解，可堆肥，不含石油，所有上述情况，又或者完全不同。我们正在研究当下和未来的可能性，同时要考虑到当前的技术水平、消费者偏好、社区基础设施、性能要求以及市场需求。

我们还继续提供 My K-Cup，这是一种可重复使用的滤芯组件，消费者可以重新灌装，易于清洗，并且与目前出售的所有 Keurig 家庭啤酒机兼容。

所以，我们可以看到一次性咖啡机的运行（或更简洁地说，是使用）对环境造成了影响。

4.4 广义的绿色项目

我们可以为大量的项目命名，但是那些项目好像跟绿色项目毫无关系，比如开发一个新的软件版本，在大学里设置一门新的课程，或者拍摄一部电影。尽管我们不把它们当做绿色项目，但我们认为每个项目都可能提高绿色度。项目团队仍可以从这个现象中深入探索。以新软件发布为例。广义上他们可以把他们的项目认定为绿色项目，因为项目本身不会产生如此巨大的影响，项目产品也不会。但是两者都会有一定的影响。项目团队可以密切合作以节约纸张和运输。信息管理部门可以使它们的服务器"绿色化"，一般情况下，项目团队可以促进绿色实践。他们可以增加电子下载和物流配送，提高产品的吸引力，并且在物流配送方面提高包装的可持续性。这就是我们通常所说的广义的绿色项目。

在第二部分中，我们将首先探索识别项目的工具和技术，然后使用它们。

4.5 项目经理在绿色项目中的作用

我们已经给出了"各种各样的绿色项目"的例子。而且，项目经理的角色会随着对环境保护关注程度的变化而变化。在图 4.3 中，我们可以看到，随着对环境保护关注程度的下降，项目从"狭义的绿色工程"变为"广义的绿色项目"，为了在这些项目上有所作为，项目经理扮演着越来越重要的角色。与可持续性的联系在项目中不会那么明显和普遍，因此需要项目经理付出更多的努力。

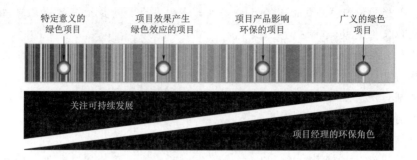

图 4.3　项目经理角色的变化

注：项目对绿色的关注度越低，为了确保项目的可持续性，项目经理扮演的角色越重要。

参 考 文 献

［1］　The Natural Step，"4 Sustainability Principles，".

［2］　The Green Project，*Welcome Green Project*；About.

［3］　G. Hirshberg，*Stirring It Up：How to Make Money and Save the World*（New York：Hyperion，2008）.

［4］　Paul Reale，founder and CEO of GreenAllowance，interview.

［5］　DESERTEC Foundation，Red Paper：*An Overview of the DESERTEC Concept*.

［6］　DESERTEC Foundation Red Paper，*An Overview of the DESERTEC Concept*.

［7］　DESERTEC Foundation，Red Paper：*An Overview of the DESERTEC Concept*.

［8］　The Massachusetts Department of Transportation，*The Big Dig：Project Background*.

［9］　The Natural Step，"4 Sustainability Principles. "

［10］　Ibid.

第二部分

实施绿色项目

In every walk with nature one receives far more than he seeks.

与大自然在一起，你总会收获多于寻觅。

John Muir

第5章 项 目 构 思

千里之行，始于足下。每一个项目都好比一次"远足"，一段旅程，一次冒险。Webster 的《新版大学词典》[1]（*New Collegiate Dictionary*）将冒险定义为"一项涉及危险和未知风险的事业"。他还将冒险定义为"一次令人兴奋的或非凡的经历"。听起来如此熟悉？项目是否涉及危险或者未知风险取决于所承担项目的类型和项目实施环境，但是我们都认为项目所涉及的风险将成为令人兴奋的经历。按照项目的类型和定义，无论以前你完成了多少个项目，每个项目都将会不同。有时，拿一个项目和另一个类似的成功项目相比，可能仅仅只是因为该项目发生在一个不同的时间框架内，它甚至会成为一次冒险。绿色项目管理为这门复杂的学科增加了另外一个维度——绿色度。有人可能会说，项目中的绿色度会为项目增加额外的风险、特别的挑战和刺激，同时还有增强成就感的可能性。我们认为，最重要的是让项目经理们觉得这种工作不是负担而是他们生活的一部分。经常听到类似于"我们的盘子已经满了"的比喻，那么我们建议你考虑项目的绿色要素，在现有的营养中只添加额外的维生素和矿物质，而不是任何大体积的东西。重申，我们的论点是所有的项目都有一些绿色的部分，因此，项目的绿色度是贯穿整个项目生命周期的基本特征之一（图 5.1）。

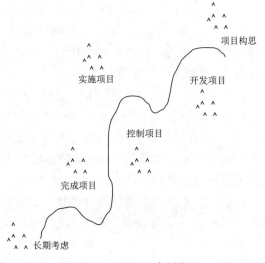

图 5.1　项目生命周期

5.1　为什么启动项目

客户的需求是启动一个项目最令人信服的原因。然而，客户的需求可能包括特定客户群的需求。例如，索尼第三代游戏机的用户希望游戏机添加更好的操纵杆，这便是广义绿色（green‐general，G‐G）项目。这也可能是组织对客户建议的回应。下面请看一个例子。特色食品制造商 Stonewall Kitchen 的客户喜欢覆盆子果酱，但无法容忍果酱里面的籽。公司采纳了这个建议，做一些市场调查，看看这样的产品是否有市场需求，然后决定生产无籽覆盆子果酱，它的推出将是广义绿色项目的另一个例子。虽然该项目是广义绿色项目，但公司仍然在为环保作出努力。根据 Stonewall Kitchen 的营销总监 Laura Duncan 所述，"在 2009 年，Stonewall Kitchen 的废物再利用率是 65%，超过 2t"，其中包括回收纸板、金属、塑料、纤维板材、办公用纸、玻璃瓶、植物油和墨盒。

市场需求是项目启动的另一个主要原因。市场发生了变化。市场需求是顾客需求的延伸。市场需求不仅仅是顾客需求，而更像是大多数或者所有的市场参与者的总需求。对汽车制造商来说，他所要关注的是人们对效率更高的混合动力汽车的需求对市场需求产生的影响。丰田（Toyota）于 1995 年首次推出概念车，2002 年 1 月开始在美国市场销售，但直到 2002 年年中才完成所有的网络订单。当这本书出版时，Prius 将供不应求[2]。Prius，除了是市场需求产品的一个例子之外，也是受项目产品影响的绿色项目的一个例子。而现在，市场需求促使汽车制造商推出首款全电动汽车，如雪佛兰（Chevrolet）Volt 和日产（Nissan）Leaf。

项目可以在商务环境中启动：当一家公司的产品已经过时，竞争迫使其做出改变，该公司需要制订一个新的"有远见"的计划，并且向不同的方向发展。否则，该企业将会被兼并或者收购。

技术进步也会促使项目启动，当技术进步时，为了保持先进，公司不得不作出反应。或者，该公司想在其领域取得领先优势，积极主动地发起一项新技术。新规定可能是项目启动背后的驱动力。新的资金可用于某些新产品或服务（这是我们写这本书时成千上万的绿色项目的实际情况）。

当医疗健康保险的可移植性和问责法出现（1996 年）后，医疗保健行业已经启动了不少项目。在电信业务中，本地号码携带性（LNP）——联邦通信委员会裁定，作为消费者，即使你换了运营商，你也有权保留你的电话号码——这项功能的出现刺激了基础设施项目的启动。如果公司要生存，不管动力是什么，他们必须启动项目应对改变。

5.2 如何选择项目

既然，我们简要地讨论了"为什么"，那么现在，我们需要看看"怎么办"，并不是任何组织所有的项目都可以选择。"所有项目都应该响应组织的战略目标。执行组织的战略计划是制定项目选择决策和确定优先顺序的一个因素。"[3] 如果公司有与气候变化和社会责任相关的战略目标（现在很多公司都有），那么项目经理和团队必须意识到这个关键环节。经济、资源可用性、时效性或执行能力都可能会影响项目是否被接受。尽管存在一些伟大的想法和推理，但一些组织选择项目的过程可能是复杂的、模糊的、不公平的，并且是完全保密的。不过，从长远来看，项目的选择需要有其具体的原因，如：它满足企业或者人类需要，它符合组织的战略计划，以及它是（经济上、技术上）可行的。不过，有一个应该考虑的标准是：环境保护是该项目的责任，或者它能满足绿色环保的要求，因为"绿色宗旨才是一个项目运行的真正意义"[4]。正如先前所述，也正如《项目管理知识体系指南》所说，项目应该与组织的战略计划相联系。任何项目经理都应该能够"引导"他们的团队，了解他们的特定项目如何为企业愿景做出贡献。做不到这些，不仅整个团队都将是消极的，而且即使他们是积极的，他们所交付的成果对组织也并没有助益。我们坚持认为绿色度是决策过程的一部分。它是 SMARTER（图 5.2）原则和利益相关者分析的一部分。正如前面提到的，利益相关者会越来越意识到绿色元素存在于每个进行项目之中。

> (S)（S－specific）明确的
> (M)（M－measurable）可测量的
> (A)（A－attainable）可达到的
> (R)（R－related to the Goal）与目标相关
> (T)（T－timely）及时的
> (E)（E－environmentally）环境
> (R)（R－reponsible）尽责的

图 5.2 SMARTER 原则

如果决策标准之中不考虑绿色元素，那么，单一的决策可能会导致项目的失败——该项目不能满足或超过客户的期望值。包括"绿色浪潮"中概述的那些期望（第一部分）。客户越来越期待绿色项目和绿色项目产品。决策是一种心理过程，在这个过程中，对项目的基本面进行讨论，然后作出选择或者从备选方案中作出选择。那么，我们如何将绿色成分添加到决策工具之中呢？

5.3 决策工具和绿色元素

由于绿色元素是一个相对较新的领域，因此运用绿色元素选择和管理项目的方式需要改变，至少需加强决策过程。例如，关于全球变暖的"冲突"信息的敏感性导致会议动态不同。为了避免被无关信息包围，必须专门创建一个建设性的决策环境。

5.4　创建"绿色"友好决策环境

建立"绿色"友好环境的第一步是明确目标。SMARTER 原则（图 5.2）肯定会有所帮助。所有的目标都应该对环境负责。目标及 ER 组成部分一旦被确定，那么决策的过程有待进一步确认和批准。比如，如何作出决策？通过委员会决策呢？还是由指定的个人或高管决策？还有谁需要参与决策过程？有没有一个（或者多个）确定的利益相关者去监督决策的过程？他们是否参与了整个过程？这些问题都是需要考虑的。如果公司有环保方针，那么在决策过程中应该执行这些方针。

5.5　改变人们对绿色的思考方式

为了建立绿色友好的决策环境，帮助人们了解新的关于绿色的思维方式是必要的。一旦人们理解了其中的道理，他们处理绿色问题将更具创新性，于是，决策环境将会更加友好。做到这一点的方法之一就是利用可靠的事实去挑战错误的假设。去哪里找到那些事实？请参见第 14 章"资源信息"。

改变人们思维方式的另一种方法就是重新设计问题。判断项目中是否存在绿色元素，可以假设一个场景，即假设项目中不存在绿色元素，并探讨项目中不包含绿色元素所导致的问题。这种基于场景的思维练习可以让你大开眼界。让我们以一个新的视频游戏项目的启动为例。同样，这也是一个思维练习。极端一点，假定项目没有关于绿色的规划或者考虑，也没有考虑绿色包装，那么该产品将在一个没有绿化过程的标准方法下生产。这将会对环境产生什么后果？将可能产生的结果列出一个清单。如果这是一个非常受欢迎的游戏，那么清单排名第一的问题可能是成千上万磅的塑料袋，也可能是运送产品的卡车产生的大量二氧化碳，或者是开发商周末、节假日整晚都将电灯和电脑开着所浪费的电。还有，要注意的是，当这个项目完成后，我们有没有想过如何处理项目资源？如何处理产品本身？该列表可以是详细的，并且在项目中肯定有一个绿色元素（或者有可能是多种绿色因素）。一旦创造了绿色友好的环境，那就是进入实际决策过程了。对于绿色问题，什么工具最有效呢？

制作 5 万亿个塑料袋大约需要 200 亿桶油。每年仅仅美国人就使用超过 3800 亿个聚乙烯塑料袋，大约扔掉 1000 亿个。而这些塑料袋中只有大约 1% 被回收利用了。

科学家估计，聚乙烯塑料袋分解需要 1000 年，并且当聚乙烯被分解时，会有有毒物质浸入土壤进入食物链。

——摘自 ABC 新闻网，《早安美国》

5.6　决策工具

大多数决策工具——Pareto 分析法、决策树、六顶思考帽等，适用于包含绿色元素的过程。我们已经列出了一些我们最喜欢的。

5.6.1　头脑风暴

头脑风暴的基础是自由交流思想，然后记录下来，几乎没有筛选或判断。那时，不论看起来多么奇怪的想法，都应该拿出来讨论和筛选。

我们最喜欢的一个关于头脑风暴的故事是"北极熊的故事"。

加拿丁河北部的一家电力公司由于结冰导致线路出现故障，覆盖在线路上的冰使线路过于沉重，可能会倒塌、中断服务，并可能造成伤害（火灾、震动）。所以公司决定想办法预防冰的产生或者除去冰。团队中的人开始列出自己的想法，然后由主持人记录下来：

- 涂上聚四氟乙烯涂层
- 加热电缆外部的元件
- 等等

其中一个团队成员 Jim 喊出："北极熊。"

主持人最初并没有把这写下来，但是接着想起头脑风暴法则——初期不淘汰。所以她尽职尽责地在活动挂图上写下了"北极熊"三个字。"下一个?"她说。再有几个想法出来后，他们进入了下一个阶段。

头脑风暴的下一个阶段是一个一个说出你的想法，并且说明"怎样实现"。

当讨论到"北极熊"时，主持人尽职尽责地说："好吧，Jim，你提出了这个想法，那么北极熊怎么帮忙呢?"Jim 耸耸肩说："我不知道，我们让北极熊摇动塔楼，然后把电线上的冰震下来。"主持人说："那我们如何把北极熊吸引到塔下，Jim?"他又耸了耸肩说："嗯，我想我们只需把大盆的蜂蜜放在塔的顶部。"然后主持人接着说："我们怎样把罐子装满蜂蜜呢?"Jim 说："我想可以用直升机，它们可以……"突然，一位叫 Tom 的工程师打断，"等等!"他说，"直升机的叶片不是有一个巨大的振动下沉气流吗?"每个人都停下来考虑这个点，因为他们意识到这是解决问题的方法。当天，这家公司通过直升机把线路上的冰清除了，不是去把罐子装满蜂蜜，而是通过向下的气流将冰震动下来。

这个故事的寓意是什么？你希望在你的会议上有像 Jim 这样的人，如果你有突发的灵感，那么请写下所有的想法。

因此，在小组演习中有一个代表绿色思维的"绿色倡导者"是很重要的。倡导者的思想将不可避免地影响该组其他人去考虑和发表其他的绿色想法。在绿色理念变得根深蒂固之前，必须发挥倡导者的作用。

5.6.2　反头脑风暴

对于常规的头脑风暴，有时由于种种原因很难做出有关绿色环保的决定，这时，反头脑风暴是一个很好的选择。它类似于重新设计问题，而不是解决问题，由你决定如何设计问题。一旦所有的想法都围绕如何制造问题，或使它更糟，那么就应开始着手如何减轻或逆转损失。在这种情况下，我们将设法提出所有的可能破坏环境的问题，然后想出如何预防这些情况发生的办法。当进行任何类型的头脑风暴时，影响图表是非常有用的工具（图 5.3）。

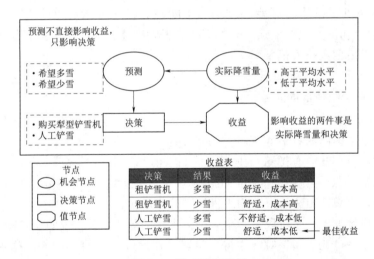

图 5.3　影响图表实例

5.6.3　力场分析

美国社会科学家 Kurt Lewin 提出的"力场分析"是用于绿色项目决策的最佳工具之一。其原因在于，力场分析的基础是将反对项目的力量与支持项目的力量进行对比，包括环境责任在内的所有力量都应该考虑（图 5.4）。

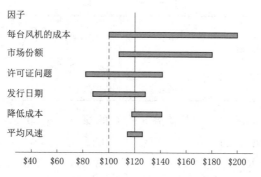

图 5.4　风电场敏感性分析（龙卷风图）

还有一些方法可以对力量进行加权或数值优先排序，以便能够做出更好的决策。这也是一个更好的决定，因为所有的支持和反对的力量都已被确定。因此，除了高层次的项目描述，该项目如何符合该组织的经营策略、与过去项目相关的任何其他信息以外，绿色目标都被认为是项目构思的输入。输出的将是包含绿色元素的项目章程。

5.6.4　成本效益分析

包括绿色元素在内的成本效益分析可能是更重要的决策工具之一。它如此重要的原因在于凭借其结构分析工具，可以提供绿色效益和绿色成本的文件证明。2009 年 3 月，在得克萨斯州的达拉斯举行的 EPA 可持续交流会议上，来自休斯敦的 Sheila Blake 呈现了一个关于冷却屋顶的成本效益分析。成本效益分析的目的是为了说明，安装新屋顶或者改造旧屋顶使房屋更加凉爽（即能源效率更高），可以用节能来抵消成本。除了增强隔热能力，还提出了安装浅色屋顶的建议。根据描述，浅色屋顶使房子更加凉爽，可以降低空调费用，也可以减少用电量。由于用电量降低，因此对用于发电的碳基燃料的需求也减少了。通过抑制烟雾的形成，降低城市热岛效应[5]，并削弱热循环对屋顶寿命的影响。该成本效益分析需要考虑四个场景：零售店商业街、三到五层办公大楼、公寓大楼和典型的无条件仓库空间。同时需要考虑两个方面的成本，投资资本（屋顶成本与预期寿命的比较）和运行（能量）费用。分析结果表明，假设屋顶的使用寿命为 15 年，成本溢价 20%，用 R-11 保温材料进行改造，R-19 保温材料进行全新安装，节省的费用如表 5.1 所示。

成本效益分析是一个包括所有绿色元素的理想渠道。然而，实际上只有 1/3 的元素用于计算能源节约。其他的 2/3，用于抑制烟雾的形成和减缓城市热岛效应。但据我们所知，这些并没有被量化。为其他 2/3 的绿色元素标价，费用节

表 5.1 节 省 费 用 对 比

建筑类型	费用/美元		建筑类型	费用/美元	
	新建	改造		新建	改造
公寓	132	425	零售店商业街	1077	1789
无条件的仓库	0	0	办公室	219	482

约效果会更好。为形成一个完整体系，所有的绿色元素都应该被量化。

请注意，以上所有的分析都没有将无形的营销优势、员工士气和绿色度的价值等方面考虑在内。这些也许不是显而易见的，并且我们承认它们是很难去测量的，但是它们都是非常现实的存在。

无论做决策时采用了何种技术，都要做许多额外考虑。每一个决策都有风险，所以必须进行风险分析，以确保不仅仅是考虑项目风险，还应考虑项目风险发生的可能性和可能导致的结果。该阶段的风险分析不完整，因为风险可能延迟出现，但它可以作为参考。决策工具来源可以在第 13 章找到。

5.7　验证决策

对决策和决策过程进行全面检查是必要的。这是一个双重检查，以确保该项目所有的决策过程和做出的决策是客观的。例如，我们在考虑资源的实用性和功能性时，有特别考虑项目的绿色元素吗？这个方案与 SMARTER 原则一致吗？特别是与 ER 目标一致吗？就可持续性而言，项目满足要求吗？我们是否已经评估了项目所有的可能性并证实这个计划是最好的呢？又是否将 ER 目标作为一个标准呢？我们是否已经验证了假设，探索了所有疑问，并检查了是否还存在盲区呢？项目经理运用许多方法来验证决策，例如成对比较、决策树、投票法和德尔菲法（Delphi）。虽然在该阶段尚未形成详细计划，但是应根据已有的可用信息验证决策。

寻求"专家评价"帮助验证项目决策是一种很好的方法。然而，因为绿色度在项目管理中是一个相对新的理念，因而很难找到有直接经验的人。从某种意义上说，项目经理本质上是"绿色的"。作为项目经理，保护资源和杜绝浪费在我们的文化中是根深蒂固的。我们大多数的著作、培训和练习，都是以减少资源的使用、降低项目成本或缩短时间为重点，同时保证高品质以满足或超出利益相关者的要求。所以，寻求其他项目经理的帮助，让他们去审查你的项目信息，有助于验证你的项目决策。

最后，一个好的决策程序至少会提高项目做出正确决定的可能性，从而提高项目成功的可能性。

5.8 创建绿色章程

是什么造就了绿色环保章程？它与传统项目章程有何不同，又有哪些相似？最后一个问题可能是最容易回答的，因为一个绿色章程包含了传统章程应有的所有信息。但是，对于项目章程应包含哪些内容，存在不同的观点，我们认为，传统的项目章程应该包括以下内容：

（1）要解决的项目需求（机遇与挑战）。

- 交易
  - 策略
  - 竞争
  - 客户
- 法律
- 安全
- 技术

（2）项目目标。

（3）初步的进度计划。

（4）初步的预算。

（5）项目经理的授权。

（6）项目假定和约束。

（7）保证人的签名。

项目章程不是（或不应该是）一个复杂的文件。为了保证文件的简洁性，在制作所有绿色项目章程时，一个必备的步骤是在文件里加入"绿色声明"。例如，在项目章程中包含的绿色声明有：

（1）我们承诺在做出项目决策时必须包含绿色元素。

（2）让项目具有绿色品质是正确的[6]。

（3）一开始的时候就考虑结束。但什么是结束？大多数项目经理认为，他们项目的"结束"指的是在交付物被交付，顾客满意的时刻。在这种情况下，结束是对交付物和项目资源的最终处理。

另一个具有强大影响力的绿色声明是承诺投入资金，使项目的实施过程和产品尽可能环保。在一个可行项目的初步预算中，可能允许将一定比例的最终预算用于项目的绿色品质。例如，可能开展可行性项目的绿色度担保测试，或是提供项目产品和过程咨询。许多具有良好声誉的咨询公司能够帮助提供这类担保。我们会在第 14 章中提供一些有用的资源信息。

5.9　最初的项目启动会议

　　一旦构思过程结束，就需要"将想法变成现实"的方法。最好的方法就是举行项目启动会议，利益相关者们将参加会议。内部会议要确保重要的项目利益相关者了解项目，了解选择项目的决策过程，了解项目章程内容，章程内容包括初步预算、进度计划、项目经理资质等。同时，在项目启动会议上承诺项目环保也是项目经理的主要职责。

　　最初的项目启动会议也是项目过程的一部分，因此应该尽可能绿色化。项目启动会议有许多可利用的范本，所以我们没有必要提供范本。但是，为了确保最初的项目启动会议尽可能绿色化，我们仍然会提供一个范本。

5.10　执行项目

　　在选择项目并编写项目章程之后，就开始执行项目。并不是立刻执行项目，因为还没有详细的计划。这时要与利益相关者商讨你的决策，以便利益相关者能评估项目信息。尽管在决策过程中，项目团队已经完整地评估了项目信息，但与重要利益相关者协商总是一个不错的主意，因为他们的贡献决定着项目的成败。记住，利益相关者是可能对项目产生积极或消极影响的任何人。他们的名单可能很详细，在项目的这个阶段，确认那些对项目成败有重要作用的人，并且同他们商讨合适的决策很重要。评审者应该包括可能被项目绿色元素影响的所有人。

5.11　工具和技术

　　在项目的构思阶段，以下工具和技术可以用来确保项目关注绿色度：

　　(1) 项目章程应该包含来自管理人员和项目投资者的承诺声明。例如，"(指定的项目经理)，作为项目经理，将采取一切措施确保项目产品以及管理流程达到或高于绿色标准组织制定的绿色度标准"。

　　(2) 项目章程也可能包括高水平的预算和对绿色度资金的承诺，例如"组织提交项目总预算 10% 的费用来补偿环境成本"。

　　(3) 满足 SMARTER 目标。

5.12　绿色化项目交流

　　项目交流是项目经理产生直接影响的一个领域。Marshall McLuhan 因一句话而成名——"媒介即信息",意思是媒介对信息的影响是巨大的。无论他说的是否正确,项目经理知道文字只能传达信息的一小部分。信息传达的方式比信息本身更重要。我们相信一句古老的谚语:"重要的不是你说什么,而是你如何去表达。"对绿色化项目交流而言,这是一条真理。我们从两方面实现绿色化交流:传递信息的方式和信息的物理媒介。

5.13 交流方式

虽然我们不能确定哪一个是最重要的,但我们确切地知道,如果信息传达时带有情绪,它将不被信息接收者所接受,信息就丢失了。在项目绿色化交流中也是如此。关于"绿色"的主题会被两极分化,所以项目经理应该使用可以被接受的交流方式来传达信息。我们讨论这些的原因是由于"绿色"的敏感性,当进行绿色信息交流时,项目经理应该付出额外的时间和精力。举一个简单的例子,使用"气候变化"这个词语,而不使用"全球变暖"这个词语。

沟通的物理媒介是"付诸行动"。如果项目经理想高度强调一个项目的绿色度,那么,关键方法之一是交流应是绿色的。例如,用内部共享驱动器保存和更新数据,取代纸质报告,并且确保项目所有团队成员能够使用驱动器。对于大部分人,只允许使用基本的阅读功能,对于特殊许可的人,能够更新数据。当然,这些改变必须进行监督。另外,将给所有关键团队成员提供电子阅览器,允许他们下载和浏览最新的数据,而不需要携带一堆纸张。如果想了解更多绿色化交流的例子,请看第13章"绿色项目管理工具、技术和技巧"。

5.14 预警和逐层上报

我们将简要介绍这两个流程,虽然它们对任何项目都很重要,但它们对绿色项目经理更为重要。绿色项目管理理念较为新颖,并且有时存在争议,因此这些流程会使用得更加频繁。这些流程彼此相关联,所以我们将它们放在同一个主题里。预警流程就是在项目构思阶段,允许任何与项目相关的人去了解怎么知道项目有危险了。我们曾经用过一个非常简单的电子警报,要求用红、黄、绿三种颜色。当出现一个问题后,这个问题会直接影响项目进度计划、成本、质量或绿色度,那么使用红色警报将这个危险信息传递给高层管理人员。警报信息包含:危险描述、项目什么地方受到影响、可能的解决方法(如果知道解决方法)。红色警报也代表着警示高层管理人员问题需要及时解决,通常的要求是24小时之内。黄色警报和红色警报传达的信息相同,但黄色警报说明问题不会马上对项目产生影响，只是一个潜在问题，所以通常会延迟答复，一般在 48 小时之内。绿色信号与红色信号和黄色信号传达的信息相同，只是它包括一些额外的信息——红色或黄色警报的解决方法。所以，一个问题也许有两种电子文件，一种红色类型的文件和一种绿色类型的文件，或者是一种黄色类型的文件和一种绿色类型的文件；也可能是三种电子文件，红色，黄色和绿色。记住，如果没有绿色类型的电子文件，则表明问题还未解决，或者有人忘记记录解决方案，记录解决方案是项目更重要的工作之一。

当项目经理无法做出决策时，逐层上报流程包含了应该向谁（更高级别的决策者）求助的信息。逐层上报流程与预警流程相关联，成为一个多层面的流程。例如，一位项目经理可能正在与客户合作，然而该客户拥有他们自己的项目经理。当两位项目经理对同一问题的处理没有达成一致时，逐层上报流程会把信息送达给更高级别的决策者进行决策。因此逐层上报流程应当包括所有比项目经理级别高的决策者。如果公司董事长是最终决策者，逐层上报流程甚至应当包括董事长。

5.15　绿色供应商

构思阶段的最后一个问题是考虑供应商的绿色度。这可能是项目经理需要警惕漂绿的领域之一。供应商可能描绘出超出实际的绿色影响，实际上是为了跟你做生意。所以，你该如何避免它？一个较昂贵的方法是检查。如果项目需要与"绿色"企业做重大投资，那么项目经理需要预留资金来确保供应商的绿色度。另一种确保供应商信息安全的方法是通过专家评价。寻找之前与特定供应商合作过的人，从中了解和学习你关心的绿色度信息。随着我们变得越来越绿色，通过项目经理和绿色供应商将能获得更庞大的绿色信息。有关在何处查找绿色供应商的更多信息，请参阅第 13 章 "绿色项目管理工具、技术和技巧"和第 14 章 "资源信息"。

参 考 文 献

[1] *Webster's New Collegiate Dictionary*, 11th ed. , s. v. "adventure".

[2] John Voelcker, *2010 Toyota Prius Shortages Ahead Due to Global Demand*, July 13, 2009.

[3] *A Guide to the Project Management Book of Knowledge*, 4th ed. (Newtown Square, PA: Project Management Institute, 2008), 75.

[4] EarthPM, *EarthPM's Five Assertions of Green Project Management*, part of mission

statement，2007 ©.

[5]　When compared to the surrounding rural areas，urban areas produce a significantly greater amount of heat，thus the name Urban Heat Island.

[6]　EarthPM，*EarthPM*'s Five Assertions.

第6章 项 目 开 发

项目构思的下一步就是项目开发。项目开发有 3 个独立但又相关联的元素：项目计划、执行计划和支撑文档的生成。这些元素实际上是紧密相连的，并且启动下一个元素之前，应该运用可靠的工具和技术进行彻底检查。项目开发的前提是对项目进行详细的定义，如果项目开发的时候没有对项目进行完整详细的定义，那么项目注定会失败。一定要谨记，与项目管理中的许多过程一样，在项目中的一些新信息或者环境允许的情况下，这些元素应循环进行并且作出详细说明。众所周知，环境是不断变化的。

6.1 项目计划

这是一个"绿色"项目计划发展的重要的第一步。对于任何项目计划工作，首先要做的就是充分了解项目的性质，明确项目的范围，即项目中包含和不包含的内容，为未来项目的决策做好准备。如果某件事情超出了项目的范围，那么它必须要通过项目的变更控制流程后才能正式被接受。如果那件事情是可持续发展的，那么它在后期发展过程中很容易成为障碍。这就是为什么我们希望在早期阶段就把它定义到项目范围内的原因。正如其他工作需要纳入项目范围内一样，绿色计划同样需要。这就是为什么将公司对可持续性的承诺与项目章程联系起来是如此重要。正如这本书的前言中简要阐述的那样，将可持续性与项目需求联系起来意味着公司的环保承诺不是口头敷衍，公司也不会成为绿色浪潮中的失败者。这是一项很好的业务，而绿色项目经理处于把这些信息提供给组织的最佳位置，但需要进一步做到令人信服。就如 2009 年 11 月的 PM 网络期刊中一篇标题为《绿色输出》（Green Out）的文章中说道，"可持续的 IT 项目，会让您的公司看起来不错，但低耗能的项目才会被批准"。这篇文章也指出"七分之六的企业职员认为采用绿色技术更可能是因为能源成本上升，而不是因为生态利他主义"[1]。这位绿色项目经理在他写的很多书籍和文章中写到绿色不仅是免费的，而且绿色度高相当于节省一笔相当大的开支并提高底线。

为了讨论余下的部分，我们将在这里做一个大胆的假设。我们假设该组织是由于任何利他主义或经济原因，或者更可能的是两者都有，才一直致力于项

70

目的绿色要素，而在表面上就定义为环境管理政策。这项工作在宣布后并未完成。现在的问题是评估项目计划需包含什么内容，并将正确的绿色元素放在合适的位置。项目经理需要了解什么信息才能做到这一点？我们已经讨论过项目章程。章程中包括冗长的绿色度承诺，或理想化的预算承诺。另外，项目章程定义了目标和目的，讨论了初步的时间框架和预算，并说明了项目的假设和约束。为了实现项目目标，对环境负责，每个项目都需要运用 SMARTER 原则，而这些职责会直接被纳入项目范围，作为辅助细节。

在定义项目范围时，这些信息被输入（见《项目管理知识体系指南》5.2节），并利用一些工具对其进行分析，也可以从技术专家和其他项目经理那里获得类似的项目及已使用过的流程的历史信息。记住，绿色项目管理的领域相对较新，因此，使用的一些信息应基于绿色商业实践并必须适用于项目管理。但这并不是在所有质量领域中都适用，其中很多智慧来自先进的制造技术和运营管理方法，将之改进后适用于项目管理。

一旦确定了目标、设想、假设和约束条件以及高级别的预算和工期，下一步就是制订详细计划。毫无疑问，最重要的计划工具就是分解计划（WBS）。项目的成败无法保证。对于大多数项目，尤其是复杂的项目（绿色品质确实提高了项目的复杂程度），有相当多的问题将对项目产生积极或消极的影响。但是我们可以保证的是：如果整个工程的完成过程中没有运用 WBS，那么失败是很有可能的。并且，WBS 中的绿色因素也是组成一个完整工作分解计划的必要部分。这样说来，一个绿色的 WBS 到底有什么不同呢？

简要介绍 WBS 及其构成是有用的。简单来说，我们将 WBS 看作一个自上而下的流程图。工作被一层层逐步分解，直到工作能以可管理的物化形式或实体任务被分配为止。

下面是一份有代表性的制作"标准白色蛋糕"的食谱。

烘焙"标准白色蛋糕"的配方

1 包白色蛋糕粉

1/4 杯水

3 个鸡蛋

2 大汤匙植物油

1 茶匙香草精

半茶匙纯杏仁粉

烘焙白色奶油糖霜的配方

1 杯牛奶

3 大汤匙通用面粉

1 杯黄油

1 杯糖粉

1 茶匙香草精

制作蛋糕的准备工作

预热烤箱至 350 华氏度，在两个 8～9 英尺大小的圆形蛋糕模上抹油和面粉。

在一个大碗里放入蛋糕粉，水，鸡蛋，油，用电子搅拌器中速搅拌直到混合均匀。加入香草精和纯杏仁粉，搅拌至均匀。将面糊均匀分开放到预先准备好的模具上。

烘烤 30～50 分钟或直到牙签插进去后可以干净地拔出。将放有蛋糕的模具放到置物架上冷却 10 分钟。完全冷却后，蛋糕脱模移至置物架。

准备白色奶油糖霜，然后在蛋糕上涂满糖霜。

制作白色奶油糖霜的准备工作

1. 将牛奶和面粉放至中号炖锅里，用小火加热搅拌直到呈黏稠状，然后冷却。

2. 将黄油放至大碗内并搅拌呈奶油状。添加糖粉，搅拌直至疏松，加入香草精，搅拌均匀后，加面粉混合物，搅拌直至黏稠且光滑无颗粒。

正如图 6.1 所示，传统的"烘焙蛋糕"流程是被分解为食谱、配料和设备。我们不应该再用传统的观念来看待一个项目，而应该以一种扩展的绿色理念来理解它。图 6.2 中的分解计划就是一份包含了这种绿色理念的食谱。它不仅仅是把有机的原材料转换成绿色产品，同时也评估了包括处理方法在内的项目过程，以确保这些过程也是绿色的。

项目经理一向（或潜意识地）关注项目产品的一些绿色要素，因为项目经理通常是以工作为导向的，关注对稀缺的项目资源的保护。但是现在我们还必须同时关注项目实施过程的绿色化。通过这本书，我们将为项目经理提供使项目绿色化的工具和技术。更多内容将在本书的第 14 章谈到。

一旦 WBS 完成后，一个完整的贯穿于项目始终的工作分解计划就出现了。这是规划项目其他工作的基础。WBS 内的所有工作在实施的过程中都要确保工程达到或者超过顾客的期望。项目计划工作的后续步骤就是这样迭代和累积。每一项工作都可以细化如下：

- 执行这些任务需要哪些资源？
- 谁来做这个工作？
- 每项任务需要花多少钱？
- 每项任务要花多少时间？

- 哪些任务会被其他任务影响？哪些任务可以独立存在？
- 这些任务按什么顺序执行？
- 任务之间除明显联系外是否还有其他依赖关系？

1.0　材料

　1.1　采购鸡蛋

　1.2　采购调味品

　　1.2.1　纯香草精

　　1.2.2　纯杏仁粉

　1.3　采购油或黄油

　1.4　采购面粉

　1.5　采购白糖

　1.6　水

2.0　设备

　2.1　采购锅具和盘子

　　2.1.1　蛋糕模

　　2.1.2　搅拌碗

　　2.1.3　中号沙司锅

　2.2　采购电子搅拌器

　2.3　预热烤箱

　　2.3.1　350 华氏度

3.0　食谱

　3.1　蛋糕

　　3.1.1　将油和面粉涂于蛋糕模内

　　3.1.2　将蛋糕粉、水、鸡蛋、油放在大碗内充分混合

　　　3.1.2.1　用电子搅拌器中速搅拌

　　　3.1.2.2　加香草精和纯杏仁粉，混合

　　3.1.3　均匀的分开并分别放入蛋糕模

　　3.1.4　用 350 华氏度的温度加热 30 到 35 分钟直至完成

　3.2　冷却

　　3.2.1　将牛奶和面粉放入中号沙司锅内混合

　　　3.2.1.1　温火搅拌至稠化

　　　3.2.1.2　冷却

　　3.2.2　在大碗里加黄油并搅拌至奶油状

　　3.2.3　加糖粉并搅拌至蓬松

　　3.2.4　加香草精

　　3.2.5　加面糊并搅拌至黏稠且光滑无颗粒

　　3.2.6　冷却蛋糕

图 6.1　制作蛋糕（标准版）

```
1.0  材料
    1.1  调查有机鸡蛋
        1.1.1  采购有机鸡蛋
    1.2  调查公平贸易调味品
        1.2.1  采购公平贸易调味品
            1.2.1.1  纯香草精
            1.2.1.2  纯杏仁粉
    1.3  采购油或黄油
    1.4  采购面粉        更多绿色配料见
    1.5  采购白糖        《蛋糕粉制作》3.1.1 节
    1.6  水
2.0  设备
    2.1  采购锅具和盘子
        2.1.1  蛋糕模
        2.1.2  搅拌碗
        2.1.3  中号沙司锅
    2.2  采购电子搅拌器
    2.3  预热烤箱
        2.3.1  350 华氏度
3.0  食谱
    3.1  蛋糕粉制作
        3.1.1  采购有机面粉、糖、有机黄油、有机牛奶、明矾、面粉、盐、自由贸易香草精、3 个有机
鸡蛋
        3.1.2  涂油和面粉于蛋糕模
        3.1.3  将面粉，发酵粉，食盐，充分混合，然后放至一边
        3.1.4  在一个大碗内，将奶油，糖，酥油混合至蓬松
        3.1.5  一次加一个鸡蛋，每次加入之后充分搅拌
        3.1.6  轮流加面糊和牛奶，充分混合
        3.1.7  一边加纯香精粉和纯杏仁粉，一边搅拌调和
        3.1.8  均匀地倒入蛋糕模内
        3.1.9  用 350 华氏度的温度加热 40 到 45 分钟直至完成
    3.2  冷却
        3.2.1  将牛奶和面粉放于中号沙司锅内混合
            3.2.1.1  温火搅拌至蓬松
            3.2.1.2  冷却
        3.2.2  在大碗里加黄油并搅拌至奶油状
        3.2.3  加糖粉并搅拌至蓬松
        3.2.4  加香草精
        3.2.5  加面糊并搅拌至黏稠且光滑无颗粒
        3.2.6  冷却蛋糕
```

图 6.2　制作一个绿色蛋糕

　　我们一再强调把绿色理念植入项目当中去。我们已经说过将绿色度纳入项目范围有多么重要。然而，强调绿色度的重要性只是第一步。WBS 将绿色度的

工作落到实处。一旦确定了 WBS，在不影响项目的完整计划、成本或质量的情况下增加任务将会变得更加困难，但是，也不是不可能。那么就让我们来详细了解绿色项目的主要计划区域以及它们是如何被项目计划所影响的。

6.2 可持续性和 WBS

我们希望正式地介绍可持续性在项目管理的常规方法中的应用。正如我们在第 2 章所定义的，可持续性不是为了达到现在的目的而牺牲未来的利益。不仅如此，在项目管理中，可持续发展的计划使得我们所有的付出显得更加有意义。因此，除了在完成项目计划所有必要的工作时考虑到 WBS 之外，我们还需要深化传统思维。项目竣工后，是否真的有利于环保，这一点使项目的生命周期出现不同。不考虑项目竣工后的绿色问题，项目绿色计划就会像第 2 章定义的那样被认为是漂绿。项目经理通过运用 WBS 在项目中贯彻绿色理念，能够预防项目被指控为漂绿，而不是将项目和漂绿联系在一起。

当可持续性被纳入计划时，WBS 会变成什么样呢？让我们来举一个简单的制作绿色蛋糕的例子（图 6.2）并确保可持续性包含在这个"食谱"中。回顾这份制作绿色蛋糕的改良食谱，我们可以在里面看到我们所讨论的可持续性相关问题。让我们来看一下用于制作蛋糕的锅。当我们已经购买这些锅并计划用它制作蛋糕时，我们在考虑什么呢？我们是否考虑过再次使用它？是否考虑过它是由哪种材料制成的？它的使用时间长吗？可以回收利用吗？即使它的使用时间长，它可以循环利用吗？我们考虑鸡蛋和香草精的包装了吗？考虑这些包装的制造商对可持续性的承诺了吗？当制作蛋糕时，我们买的原材料是不是刚好够用？我们有没有浪费或需要储存原材料呢？我们考虑产品本身了吗？它们是否会在第一时间被吃掉，还是会被储存？将如何储存？储存装置是用什么材料制作的？我们需要将它们放进冰箱储存吗？仅仅是为了烘烤一个蛋糕，听起来却好像有很多事情需要考虑，实际上，确实是这样的。然而，一旦这种想法在我们的大脑里根深蒂固，那么这些问题及我们的决策将会变成第二天性，就如同有经验的读者一样，WBS 和横道图的应用已经成为第二天性。那么这种绿色计划到底能带来什么好处呢？只有时间可以说明一切，但是经济学家 David Friedman 曾经说过，"我试图带给世界不同的东西，用我想改变的方式改变这个世界"。而这就是项目经理改变世界的机会。

6.3 绿色项目的需求

根据项目的属性，资源计划包括三个主要的方面：①工作人员；②符合工人和项目需求的设备；③人工和设备的花费。在资源需求和项目质量之间存在直接联系，我们将会在第 7 章讨论这个问题。

6.4　绿色项目的人力资源

本书的目标之一就是逐步把绿色理念融入到项目管理中，这样我们如何做这个项目和如何把绿色理念融入项目中就没有实质性差别了。它们会成为同一件事情，没有任何区别。绿色度计划将会成为"新"的项目计划。为此，你所选择的项目负责人必须具有绿色度的知识背景。我们的意思是所有与项目有关的参与者（利益相关者）都要意识到绿色理念的广泛性，了解第 1 章所提供的信息。为了保护稀缺资源，不管人们是否赞同那些信息，都必须了解它们，项目人员在项目计划阶段就要严格对待绿色理念。一个令人信服的观点是绿色理念对组织的底线有利。比如，Bristol - Myers - Squibb 的 IT 团队发现在美国移除所有员工计算机上的屏幕保护程序每年将会节省大约 190kW 的能量和 26.6 万美元[2]，一个简单的设置就可以节约大量资金。这就是绿色思维的作用，它将提高项目底线并确保项目计划考虑了绿色度。节约资金很重要！因此，绿色项目人力资源管理的第一步就是找到那些具有"绿色理念"的人。有时项目人员并没有绿色理念。一种解决办法就是提供相应的培训。当然，那必然会影响项目的工期和成本，影响项目规划，有可能增加项目 WBS 的内容。另一种选择就是雇用一位绿色顾问，让他和项目团队一起工作，这样也会增加项目造价，也会增加项目 WBS 的内容。

6.5　绿色项目的进度

此时，WBS 和资源计划均已完成。WBS 包括合理计划、执行、控制、停工以及维持项目的所有任务。当资源计划完成后，项目经理就能确定各项工作需要的人员。下一步就是根据 WBS 和所需资源，确定完成任务需要的时间，确定任务的完成顺序。要用绿色思维方式来确定工期和工序，特别是涉及资源利用的时候。

考虑到项目性质、资源性质和社会因素，我们需要提出一些问题并回答这些问题。项目性质将会决定项目的重要性和紧迫性。而重要性和紧迫性在绿色项目中更常见。不想做徒劳无益的事情，但是我们在工作中有这样一个说法，"项目经理首先必须理解项目的绿色理念，并且知道这样做会让他们更好地识别、管理、应对项目风险"[3]。如果项目是绿色的，就可以保护那些有限的、脆弱的资源。举一个这样的例子，这个例子是应对非洲肯尼亚严重干旱问题的环境项目。

根据"综合区域信息网新闻"（IRIN News），"人道主义新闻和分析"版块报道了关于联合国人道主义事务协调办公室的一个项目的内容，水资源的严重缺乏是导致肯尼亚东北部的暴力事件不断恶化升级的原因。即争夺水源和牧场。由于干旱，人们为给自己和家畜寻找水源而斗争。如果没有水，就不会有食物。"国家地理网站于2009年9月21日发表的一篇文章说，"到目前为止，由于干旱影响，肯尼亚已有超过60头非洲大象和成百上千的其他动物死去，这打破了这个国家近十年的纪录。此外，到目前为止，在南方的安博塞利国家公园的30头小象也被报道已经死亡。"所谓的经常出现在三月和四月的"漫长的雨季"今年并未到来，一些地区已经干旱三年了。没有人知道为何旱情会如此严重。很多人把这归结于全球变暖，但是其他人认为这只不过是东非漫长的气候周期的一部分。解决水问题的项目的需求是紧迫的。

一些在建和拟建的项目包括深水作业、灌溉工程、水处理和储存设施、低水头影响的公共卫生项目等。这些项目的绿色要素是显而易见的。不明显的是这些因素对项目进度和资源管理的影响。项目经理将会对项目的具体工期做出决定并提出相关问题，比如：需要考虑节假日或者周末吗？由于解决方案的紧迫性，项目是否需要全天候运行？如果要求全天候运行，需要提供哪些东西？比如发电机、燃料、照明、人力。最近，其中一位作者发现一个大型的高速公路建设项目多在夜间作业，从而避免高峰期影响交通。对于夜间作业，需要提供大型路灯照明，让工人能够铺砌路面、移动设备等。目前为止反映良好。然而，这些大型矿灯一连几夜持续工作，有时那里根本没有施工，这种情况下灯光将很可能使迎面驶来的车辆发生事故。当灯一直开着的时候，由于它们为闲置的设备照明，成千上万千瓦的电能就被白白浪费了。如果运用绿色思维，这种浪费是很容易避免的。项目自身产生的环境影响是什么？项目的可持续性意味着什么？

再来讨论前面的干旱问题，显然这些解决方案必须是永久性的，因为干旱地区的长期预测说明情况不好。因此，我们在计划、设计、执行时要考虑可持续性。要牢记这些，项目经理还必须尽可能确保项目过程是绿色的。要确保任务的执行是绿色的，但也要满足项目任务的紧迫性，需要找到一个平衡点，我们不指望一个项目能让非洲旱情彻底改变。比如在茂伊岛建造风力农场的项目，仍然是绿色项目，这个例子和前面的例子约束条件不同。这个例子仍然运用绿色规划技术。第一风能公司的座右铭是"清洁能源，从这里制造"。根据东部项目管理的主管David Ertz的说法，第一风能公司更喜欢把那些风力农场建设在有难度有挑战性的地方，比如茂宜岛山脉的顶部，或者缅因州山脉的顶部，而不是美国中西部的平原，不论是把风力发电机建在茂宜岛山脉的顶部还是建在缅因州山脉的顶部，都能让这些以美丽和偏远著称的地区变得引人注目。我们都说风力发电机将会非常吸引人，只不过那种吸引力是在旁观者的眼里产生的。我们可以看到在有挑战性的地区实施绿色项目需要考虑绿色进度问题。对于风能而言，放置发电机的最佳位置是能产生源源不断风能的位置。当然那些位置也可能是与环保背道而驰的地方。我们不能把叶片放在风源好的塔顶上，那样做太危险了。

项目经理要认真考虑计划进度和资源的合理运用，从而节省资金和能源。工作时不使用空调或暖气，不同时区的办公室之间采用远程办公的方式——这些都需要项目经理考虑，使项目更环保。

6.6 绿色项目的采购过程

在大多数情况下，一个项目既需要人力资源又需要很多其他资源。这些资源通常会列入购买清单，比如设备、服务或原材料。美国的环保机构针对绿色采购已经提出了重要的指导方针（见第 14 章）。另外，欧盟也制订了一个广泛的生态标签计划（在相关网站可以查询具体细节），这些政策的出台为提倡绿色理念的供应商（销售商）提供了大量机会。

此外，这对管理部门来说也是一个检验他们是否恪守项目绿色度承诺的机会。管理部门应该鼓励项目经理和项目团队去寻求绿色的供应商。这种协议意味着从绿色供应商处购买设备和服务的费用可能更高，但是当考虑到企业社会责任的价值和利益相关者怎么看待它时，这些效益会弥补额外的费用。绿色理念被逐渐灌输到管理部门、项目经理和项目团队中去，意味着这种补偿措施会一直被考虑到。

在采购过程中有几个领域能够应用绿色思维。第一个例子是采购计划。利用范围说明、工作分解定义和进度这些信息，项目经理知道购买什么，什么时候购买。从环境视角看待问题，进一步明确项目需求，在适当的时候求助于绿色采购专家，特别是利用项目团队的经验和知识，这样项目经理和团队就能选择绿色商品进一步定义项目需求来确定项目需要购买的绿色替代品，需要记住的是，即使已经为项目制订了最好的计划，如果供应商不能在需要的时候供货，项目还是有可能不会成功。所以价格和绿色品质可能不是全部的决定因素。这时候，项目经理和项目团队将评估采购替代方案，并确定所需的设备和服务的各种来源。把采购需求做成一个采购需求文档，然后可以将之用于下一步的工作。

下一步是采购计划的输出，先做好相关的采购文件，然后把这些文件发送给潜在的供应商。当绿色理念成为一种经营方式，绿色产品的供应商将会越来越多，价格竞争也会更激烈，那样就可以节约能源成本了，供应商也意识到这点了。但是我们断言这种情况不应该是偶然的。这里实际上是存在沟通问题的，你的销售商和供应商应该非常清楚你的意图。他们应该知道绿色对你的项目来说是非常重要的。了解到这点之后，他们会主动给你提供绿色产品，或者如果他们了解自己的业务，则应该是这样。从供应商那里获取采购信息的一些典型文件就是招标邀请、建议函和报价表（表6.1）。发给潜在的供应商的信息应包含：①应该采购什么；②什么时候需要这些；③潜在的供应商怎样做才能让他们的程序和产品或服务符合绿色理念；等等。项目经理和团队可以将纸质文档寄给潜在的供应商来获取他们的信息，也可以通过会议，面对面将文档提供给他们。无论哪种方式，都应该准备好详细的文档。这些文件详细的程度和花费的时间取决于采购的情况。如果采购的物品费用昂贵，技术性高，且供应商很少，那么在项目进度安排中需要特定的时间安排；如果采购的物品对环境的影响较大，那么比起那些没有同样需求的情况，就需要更多的时间去计划。

表6.1   招 标 文 件

类　　型	说　　明
投标邀请函（IFB）	邀请参加封闭的投标采购。它是采购过程的第一步。投标邀请函包含了投标人要求提交的所有信息。
报价表（RFQ） 建议函（RFP）	报价表和建议函之间技术性差异。投标申请书是被用来征求公司的意见，最后成为合同的一部分。它们两者的区别变得模糊。都是用于协商，向选定的承包商传达需求，征求建议或报价。

用于印刷《纽约时报》（*New York Times*）周日版的纸张的木材消耗量相当于7.5万棵树——这个问题促进了一些项目的产生，即通过在线电子媒体、电子文档阅读器及其他新技术减少纸张使用量。

当参考过各种供应商提供的信息后，项目经理和团队可以做出明智的决定。决定的结果通常以合同的形式表达。我们都提倡绿色度理念的合同条款。项目经理和项目团队应该决定与那些响应绿色理念的公司合作，我们相信这些绿色理念不仅仅只是写在合同里，供应商应该为他们所应该做的绿色工作负责。虽然我们不会提供法律上的建议，也不会建议签订合同，让公司为他们的绿色承诺负责，但是我们应该添加一条损失条款以防公司不能够完成合同中涉及绿色理念的那部分工作。

6.7　绿色项目的成本

我们经常提到成本对于项目来说是一个很重要的因素。当公司在决定是否承担一个项目时，成本因素很大程度上影响公司的决定。需要注意的是，考虑绿色因素时成本似乎看上去变得更高。但是，绿色理念对成本的节约在项目计划流程中可能无法完全体现出来。就像在第 1 章所说的那样，绿色度高对提高项目质量的底线有很大的益处。可能需要更深入地了解项目的财务状况和项目的可持续性，以充分了解公司实际上节约的成本。在第 7 章——执行项目中将提到一些提高项目成本绿色度的方法。但是，这几种绿色成本方法只能用在成本规划阶段。一般而言，将书面沟通转变为电子形式沟通可以节省很多的资源。此外，在生成任何成本数据之前，尽可能对需要采购的产品和服务多做研究，可以节省返工费用，还可以节省时间，减少工作，从而进一步减少有限资源的使用。

6.8　绿色项目的质量

在 Joseph Juran 的著作《质量领先战略手册》（*Leadership for Quality*）[4] 里，他讲到了"生活处于质量堤坝的后面"。Juran 谈到了质量驱动程序，他说堤坝后面是日益增长的对环境破坏的关注和对重大自然灾害的敬畏。这本书在 1989 年 3 月出版，是对那些问题的预言。对于质量，Frederick Taylor 的管理系统强调一种纯粹的科学方法，包括科学的选择和工人的教育。然而，今天我们的情况是虽然在一定程度上，仍然是科学驱动的，但是我们正在尝试一种温和的方法，让工人拥有更多的自控、自检和自我领导的能力。"丰田之道"是一个这样的例子（表 6.2）。也许不是巧合，丰田公司不断展现绿色理念，处于注重环境的公司之首或与之接近的位置。

表 6.2　　　　　　　　　　　　丰 田 之 道 的 说 明

丰 田 之 道

1. 用长远的眼光看待管理决策，甚至不惜牺牲短期的财务目标。
2. 创建连续过程流，将问题暴露出来。
3. 使用"拉动式"制度来避免生产过剩。
4. 平衡工作量（平准化）。
5. 建立停下来解决问题的理念，把质量放在第一位。
6. 标准化的任务和流程是持续改进和员工进步的基础。
7. 使用可视化控制方式，不让问题隐藏起来。
8. 只使用可靠的、经过全面测试的技术来为你的员工和程序服务。
9. 培养那些完全理解工作，奉行公司理念，并将其传授给其他人的领导者。
10. 培养执行公司理念的优秀员工和团队。
11. 尊重你的网络合作伙伴和供应商，激励他们并帮助他们提高。
12. 自己亲自去了解情况（现地现物）。
13. 决策时要慢，并达成共识，充分考虑所有的意见，执行决策时要迅速。
14. 通过不停的反思和持续的改进（经营方法改善）来成为一个学习型组织。

注　改编自 Jeffrey Liker，丰田之道（*The Toyota Way*），McGraw - Hill，纽约，2004。

这对那些不想靠经验主义方法的绿色项目管理人员有利，就像自然法则和其他科学方法一样。美国能够在绿色质量工作中处于领先地位，而不再出现像20世纪50—60年代在质量工作中发生的情况。为了帮助我们更好地理解未来，我们需要回顾过去。

当美国引领质量控制和改进时，大多数的质量专家在美国没有得到支持。J. Juran 和 Deming 在日本花费了大量的时间去研究，他们的努力不仅被大众所接受还获得了奖项。Deming 优秀质量奖 1951 年在日本设立，而波多里奇国家质量奖（the Malcolm Baldrige National Quality Award）1987 年才成立。解释绿色质量最简单的方法就是戴明（Deming）的 14 点管理原则（表 6.3）。

表 6.3   戴明质量管理原则和绿色质量管理原则

戴明质量管理原则	绿色质量管理原则
创建持续改进产品和服务的目标	不断的寻找方法让项目的产品和服务绿色化
采用新的理念	采用新的绿色理念，避免"漂绿"
停止对质量检查的依赖	把绿色品质规划到项目中去
停止仅以价格来奖励企业的做法	在奖励企业的时候要考虑的不仅仅是成本，还要考虑到所有的绿色因素
持续不断的改善生产和服务体系	提高项目过程的绿色品质
开展培训	开展以"绿色"为主题的培训
进行领导	真正的领导力包括对绿色品质的承诺
消除恐惧	提高项目产品或过程的绿色品质是可行的
打破员工之间的壁垒	鼓励组织在各个方面增加对绿色品质的投入
取消口号、训词和目标	把绿色理念灌输到项目经理的 DNA 中
取消数量定额	不要限制项目的绿色品质程度——绿色理念应该是项目团队的思维方式，而不是要完成的指标
清除影响员工工作自豪感的障碍	对环境和可持续性的承诺感到自豪
建立有活力的教育和再培训的项目	从传统项目管理的"偶然绿色"转变为有纪律的绿色项目管理
采取行动来完成转变	成为绿色项目管理运动的一部分

注 改编自 W. Edwards Deming，转危为安（Out of the Crisis），第 9 章（剑桥，硕士，麻省理工学院出版社，1982）。

此外，采用另一位质量专家的方法，我们将给出绿色质量的定义。David Garvin 1988 年的著作《质量管理：战略与竞争优势》（*Managing Quality：The Strategic and Competitive Edge*）中从五个方面定义了质量：卓越的，基于产品的，基于用户的，基于制造的和基于价值的。我们将用这些相同的标准去定义绿色质量。

6.8.1　卓越的绿色品质

卓越的绿色品质不是简单说出来的，因此它很难去定义。然而当你看到绿色度品质的独特的形式，它将变得很明显。用我最喜欢的一个关于卓越品质的定义："绿色度不是理念也不是存在的物质，而是独立于两者的第三个实体……即使它不能被定义，你也能知道它是怎么一回事[5]。"因为一个特定的公司在实现绿色度方面有一定的声誉，这种成就有时会转移到公司所有的产品上。换句话说，公司的绿色度理念超越了一些对它的基本定义。如果一个公司具有一流的可持续的品质，还有可爱的环保标志，那么这个公司会被认为有很高的绿色度。我们并不是说公司的绿色度不高，而是这种情况下的绿色度仅仅是建立在声誉上，也许只是建立在商标的美学上。卓越品质只是绿色度品质的一个方面，把它当作唯一标准是不明智的。

6.8.2　基于产品的绿色度

这是对绿色度更具体的衡量标准。它基于项目产品或工序中的一些特定的绿色因素。对项目的产品来说，例如一辆汽车，它的属性是能够从电动模式的短期驾驶切换到利用矿物燃料的远距离的能力，从而减少矿物燃料的使用和汽车二氧化碳的排放。项目经理可以创建一个无纸化的项目方针，它能够度量项目节约的成本，从而使项目过程更加绿色化。

6.8.3　基于用户的绿色度

基于用户的绿色度是从一个不同的角度看待绿色度，从用户利益相关者的角度来看。利益相关者的期望驱动基于用户的绿色度。越来越明显的是，对于某些用户来说，绿色度将是一个差异化的工具。和卓越的绿色度品质相似的是，它是从"旁观者的角度"来看的。利益相关者在选择产品之前将关注不同的项目产品，并最终确定项目的过程。而且，利益相关者作为公司的领导者将在选择一个项目之前关注项目过程的绿色度。

6.8.4　基于制造的绿色度

绿色度将成为整个产品生命周期中固有的，从规划、设计到制造阶段以及更长时间。制造过程有它自己的高绿色度的度量标准。在设计阶段，产品说明书包括项目制造阶段需要满足的绿色度标准。因此项目产品的绿色度将根据这些设计规范进行评价。将相同的原则应用到项目的过程中，项目过程包括绿色度，并且将根据这些规范来评价。

6.8.5　基于价值的绿色度

我们已经通过有机产品从酸奶到清洁的解决方案来体验了基于价值的绿色度。消费者都是根据某些产品的绿色度来做出选择，并利用这些属性的成本计算自己的性价比。诚然，消费者可能并不清楚他们用于计算的那些属性，但随着越来越多的消费者变得更加具有环保意识，以及更多的竞争对手进入市场，这些将会得到进一步改进。

6.9　风险和绿色度

什么是风险？它是怎么影响项目的绿色度的？风险是项目固有的，因为它定义了项目的不确定性：一个独特的任务，使用和可能浪费有限的资源，未经检查和未经检验的第一次尝试。Harold Kerzner 是很多项目管理书籍的作者，他写到："实际上风险是由于缺乏对未来事件的了解，我们可以把风险定义为项目目标可能的不利因素的累计效应。未来的事件（或结果）如果是有利的就叫作机会，反之，不利的事件叫作风险[6]"。

我们希望完成这两件事：确定潜在的绿色度风险（负面风险），确定绿色项目经理能利用的机会或正面的结果（正面风险）。每天，在定义上与绿色风险有关的商业信息越来越多，我们当然无法了解所有信息，所以我们将强调一些我们认为最重要的绿色度风险和机会条件。

项目经理应该考虑到所有的项目风险发生的可能性和产生的结果。对待负面的风险，目的就是减少它们发生的可能性，而对待正面的风险，则要提高它们发生的可能性。我们都很清楚，不考虑项目的绿色风险和机会是错误的。风险可能会对项目造成严重破坏，推迟完成的日期，浪费有限的资源，并迫使项目计划发生改变。承担风险有助于加快进度，节省有限的资源，取得更高的绿色度。

回收 1t 废纸可以节省相当于 17 棵树的木材，2 桶石油，4100kW 的能源，$3.2m^3$ 的垃圾填埋空间，减少 60 磅的空气污染物。

找出项目风险的第一步就是针对项目的目标和目的进行思考。有没有将 SMARTER 原则用于开发项目目标？尤其是这些目标的 ER 特点（Environmentally Responsibility）完全辨别出来了吗？这将对识别项目的绿色度风险大有帮助。近海石油开采一直是环保人士的目标。然而，让我们把它当作一项工程。石油使用和石油勘探将会持续下去，直到我们能够不受矿物燃料的限制。完全的、全世界的独立性是不可能的。因此，对石油的需求仍在继续，近海石油开采将继续进行。近海石油开采的一个目标就是分散石油。利用 SMARTER 原则看待这个问题，那将会变得很具体。我们每天大约消耗 8000 万加仑的石油，海上钻探公司开采的石油提供给我们。因此，我们可以测量一个海上钻井平台能够提供多少石油。这是可行的，它与目标相关，我们知道必须尽快完成这个工作。这个过程体现了 SMART 原则，但是怎么体现 ER 原则呢？这个过程对环境有损害吗？哪些本土物种会受到影响呢？在将石油从海上通过管道运输到岸上储存时，可能会发生什么类型的环境破坏呢？这些只是本例中一些能够影响项目绿色度的风险。然而，这些只是负面风险。

还有一些机会（正面风险），例如：

（1）供应商为你提供便宜的、绿色的、满足使用需求的替代材料。

（2）政府为你的风力涡轮机开发计划提供资金。

（3）你决定使用电动汽车，这是一个无私的选择，为了激励你，制造商为每一辆汽车提供 1000 美元的补贴。

负面风险通常出现在项目的前期阶段，包括缺乏管理层的承诺，或者对绿色度的公开反对，缺乏环境政策，缺乏对绿色度的支持说明，或在项目章程缺乏资金支持绿色度。一个问题可能会导致另一个问题，但底线是如果没有某种形式的承诺，即使项目经理是绿色倡导者，对绿色度的努力也将会被严重抑制，这对项目的绿色度来说是一个很大的风险，对项目的管理也是这样，对整个项目也是如此！

考虑到项目的潜在风险，本章介绍的绿色技术是否已经用于调度和成本估算过程，资源规划和项目管理的其他工作中了吗？我们是否花时间去识别、量化、计划风险应对措施，并规划必要的绿色度风险监测和控制过程了吗？过去项目经理的目标之一是保护利益相关者在项目中的投资。现在这么做是不够的。用我们的观点解释就是"环境战略，包括环境的风险管理，对项目和项目产品的成功提供了额外的机会[7]"。

6.10　绿色度的输出

开发项目的输出之一是环境管理计划。EMP 与质量管理计划有相似的观点，但是它对环境和项目的可持续性更为关注。计划的输入包括环境目标、环保方针和环境风险。考虑到绿色项目管理的未来，这些输入非常重要，作为独立的文档包含在项目管理计划的输入之中，也可能被纳入其他的计划。此外，就像 QMP 一样，环境管理计划模板将包括范围、利益相关者、EEVM、组织方针和风险登记表，并将使用与质量管理类似的工具：基准测试、成本效益分析、绿色度成本等。输出的是 EMP，它与所有适当的其他计划相吻合，如质量管理计划、风险管理计划等其他计划。

另一个受到环境因素影响的领域是项目的监测和控制。该领域的输入之一是 PMP，EMP 是 PMP 的一部分。项目监测和控制的其中一个目标是将项目工作说明书中所列的环境目标/要求与实际法规相比较，并在必要时采取纠正措施以确保合规性。另一个目标是"实施风险应对计划，跟踪确定的风险，监控剩余的风险，识别新的风险，并评估整个项目风险的有效性[8]"，包括项目开发早期环境风险的识别。EMP 是必需的输入之一。EMP 可能有自己的变更控制过程，并且是项目综合变更控制过程的一部分，或者说它可能只能作为综合变更控制过程的一部分。

参 考 文 献

[1] Sarah Fister Gale，*Green Out*，PM Network，November 2009，Project Management Institute，Newton Square，PA，43 – 44.

[2] *Go Green at Bristol – Myers – Squibb*，2009.

[3] *The Five Assertions of EarthPM*.

[4] J. M. Juran，*Juran on Leadership for Quality*，Free Press (1989).

[5] R. M. Pirsig，*Zen and the Art of Motorcycle Maintenance*（New York：Bantam，1975），185 – 213.

[6] Harold Kerzner，*Project Management：A Systems Approach to Planning，Scheduling，and Control*（New York：Van Nostrand Reinhold，1995），879.

[7] *The Five Assertions of EarthPM*.

[8] *A Guide to the Project Management Book of Knowledge*，4th ed.（Newtown Square，PA：Project Manageme）

第7章 项 目 执 行

　　既然已经完成了项目规划，那么现在就可以实施项目了。若熟悉项目投入随时间变化的 S 形曲线（图 7.1），就可以看出现阶段正处于曲线最陡的部分，也就是消耗资源速率最快的位置。在规划阶段已经考虑了项目的绿色要素，现阶段需要考虑项目的其他问题。这是考验你良好意愿的时候。项目团队和项目启动会议决定了是否能够很好地实施项目。许多项目利益相关者都参与了项目规划过程，但他们未必会了解整个项目。但在这一点上，他们已经参与了，并且有他们自己的看法。考虑到现阶段正处于曲线"陡坡"位置，这次会议不仅有助于利益相关

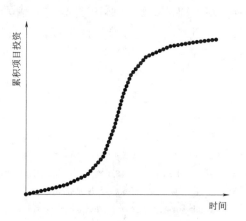

图 7.1　经典 S 形曲线：累积项目
投入随时间的变化

者更全面地看待项目，也是再次强调项目的绿色度以及在项目执行中如何实现绿色度的关键时间点。

7.1　项目团队

　　团队的核心成员，也许只有项目经理自己，到现阶段为止仍然在研究项目计划。该计划包括确定实现项目目标和目的所需完成的所有任务，了解任务之间的相关性并为它们制定时间安排表，明确完成各项任务所需要的资源和时间，并计算成本，从而获得项目的预算和进度基准线。现在要保障项目所需的资源，在预算范围内，确保在规定的时间内人员到位，并且确保他们了解他们的工作是什么，怎么配合项目的目标，整个团队都要了解这一点——不仅从绿色的角度看待自己的工作，而且要从整个项目的角度思考。这有助于整个团队的成员获得一些绿色度知识（不是必须的），并且明白这些知识能给绿色项目及其进程带来什么收益。但是，项目核心团队必须充分地认识绿色项目，并完全致力于

这项工作，以便于帮助整个团队理解这些问题。项目团队人员可能有不同的技能，也有不同的想法。在项目实施期间，核心团队要能够指导他们解决一些绿色度问题，可能还需要对他们进行额外的培训来帮助整个团队了解项目的绿色理念。需要特别强调这些因素不仅有助于项目的成功，而且有助于团队的成功。"绿色度对成功的贡献"的相关内容可参阅第 2 章。额外的培训将花费更多的资源，因此在规划过程中应当预留出额外的资金和时间。

一旦确定了项目团队（这可能是一个重复的过程，因为人员可能会由于各种原因而有所改变），就需要安排项目启动会议。

7.2 项目启动会议（实施）

新项目的启动会议是激发团队活力和建立工作共同目标的最佳机会。我们知道一个好的规划源自一个好的开端。实际上，本书作者已经在全球范围内召开了数十次类似的启动会议。充分准备很重要。在做好项目准备工作后，你需要计划一个有效的会议。项目启动会议将决定项目绿色度和项目产品是否成功。项目启动会议是项目经理对项目参与者在项目绿色度方面进行教育并获得他们认可的最好机会。项目启动会议除了传统的工程项目管理功能外，也是项目管理者在绿色方法论方面展现领导能力并获得支持的一个机会。

为项目绿色度工作建立一个清晰的议程表是很重要的，让参与者能清楚地了解将要完成的工作，并且展现对绿色理念的承诺。因为绿色度是一个相对较新的概念，所以需要详细的介绍，才能使项目参与者更容易理解它。绿色度可能令一些参与者烦恼，但是我们的主张是"运用绿色理念运营项目是正确的，有助于项目团队做正确的事"[1]。因为绿色度可能（错误地）与气候变化相联系，并且在其他方面也是有争议的，所以项目经理需要召开紧急会议，防止工作脱离正轨。而利益相关者对绿色度问题可能有强烈的不同意见，这些意见很容易使会议参与者分心。事实上，项目方认为绿色问题会激励和鼓舞许多人。让每个参与者都了解会议议程，在会议最后，每个人都能发表自己的意见。强调这个会议是为了使项目更加有效率。关注实际问题而不是那些政治问题或者关于气候变化的断言。最重要的关注点是让项目更有效率地运转，弄清楚什么是影响项目进度的因素，并且最终结果能够让利益相关者们成为"大家庭"。

当你参加会议时，寻找线索并确认可能的盟友和贡献者，还有那些可能为此而改变看法的人。通过这些调查，你能辨别谁需要额外培训指导。

如有必要，根据 SMARTER 原则明确定义项目目标和目的。介绍项目团队也很重要，让每个人介绍自己的工作。让每个人谈谈自己对绿色度工作的愿景。

需要注意的是，虽然我们关注绿色度，但我们要明白这是一个全面讨论项目执行的会议。我们坚持认为这将是引入绿色度并获得支持的最佳时机。将会有其他的会议来讨论每个团队成员该起的作用。如果有这样的会议，在这个会议上，你必须让整个团队的注意力集中在项目上。

在这次会议上，许多团队成员第一次全面了解项目，尤其是了解项目的绿色度。这次会议的目的是建立基础项目计划，以确保所有的任务都包括在内，人员分工正确，成本和进度是合理的，并且也考虑了项目风险。此时项目属性限制了投入要求。由于这是首次与整个团队分享计划，因此预料到会有变化、争议和阻力。对于某些人来说，绿色度是新的概念，因此，与之前没有绿色成分的项目相比，会更具风险。在会议期间，共享的项目信息是项目和项目追踪的路线图，因此得到所有团队成员的关注非常重要。项目的其他方面可能会被很好地理解，需要强调的是绿色度这一项目计划的最新成分。有可能会偏离轨道，所以再次强调，保持专注是很重要的。记得强调一点，项目完工后，绿色度就像质量一样，是内在的，而不是"浮于表面"。让项目团队关注绿色度的一个技巧是在项目实施中将与绿色有关的事项编制成文件。确保对绿色行动项目进行分类，并具有某种类型的标识。那样，项目经理就能快速辨别出那些要被处理的绿色度问题。还记得前面在会议上获得的线索吗？使用这些线索可以帮助您分配任务，这些任务是针对项目的绿色度工作的。根据你的判断，你可以给那些对绿色度持怀疑态度的贡献者分配一项关注绿色度的任务，也许通过他们的参与，能获得他们的支持。或者，你可以利用早些时候记录的资料，把绿色度相关任务分配给最强烈的支持者。根据在会议期间出现的问题类型，项目经理可能需要单独召开后续的绿色度培训会议。

强调实现高水平的绿色度将是成功的关键因素之一。展示你对绿色度的热情，要注意在支持者和公平之间保持平衡，做一个见多识广的协调者。完成项目是一项团队工作，项目经理需要每个团队成员的帮助和承诺。当影响项目绿色度的因素，如成本、进度，或任何其他项目的约束条件发生变化时，团队成员必须快速有效地交流和沟通。

处理完所有的临时项目之后，下一个议程是反馈。项目经理将记录问题并全程关注会议，而会议就是为询问和解答而举行的。要确保议程中有讨论的时间。否则，项目经理可能需要后续会议讨论问题，或需要使项目过程本身真正具有绿色度，例如，使用共享媒体工具继续讨论，如 Sosius，PSODA，Share-Point，谷歌论坛（Google Groups），维基百科（wikis）或微博（blogs）。最后，总结会议内容，包括行动项目和其他的后续信息，也应该包括项目经理第一次召开评估项目流程会议的相关内容。

7.3 绿色度保证

绿色度保证（GA）类似于工程质量保证，项目经理将尽力查明所规定的绿色环节在工程的各个方面是否得到实施，确定项目成果和项目进度的绿色度。这个流程的第一步是与项目的环境管理计划对比，评价项目的绿色度。利用项目的可持续性，环境目标和风险，还有组织的环保方针，项目团队可以在任何时候获取其有效性。此外，绿色度保证包括一些度量方法，如环境赢得值管理，将绿色度赢得值与绿色度的实际成本相比较，并将之与绿色环保计划的贡献进行比较。不太可能有历史数据和基准来进行对比。随着绿色项目管理领域的成熟，这类数据以及处理这些数据的改进工具都会越来越多。

项目产品的绿色度保证可以通过比较项目在不同路径点的产品的绿色功能来评估。

想到本书关于徒步旅行的这一部分内容，我们可以想象一个使用手持全球定位系统（GPS）的徒步旅行者，系统中路径点已被编程好，他或她在徒步过程中能检查行程。通过这种方法，在徒步过程中比较行程与路径点是否一致，并协调供应和健康状况，核实徒步旅行是否会成功就变得容易。评估项目绿色度的方法是一样的。在项目规划的每个里程碑时期，项目经理可以评估项目是否达到要求，是否健康（是否准时，是否在范围内，是否满足绿色度要求，是否在预算范围内）。然而，评估项目绿色度可能没那么简单，因为重点将集中在其他方面，比如范围、时间和预算等传统的项目约束条件。就如我们先前所说，绿色度和项目的其他约束条件一样重要，事实上应该已经包含在项目范围内。由于它是一个新概念，很容易被忽视，这是不正确的，绿色度会影响项目的成功，就像项目的成本超支或进度落后等可以影响项目的成功一样。如果不对绿色度保证保持警惕，就可能导致很多影响项目的不利因素被忽略。

7.4 追踪项目进程

除了 GA 过程之外，还要考虑其他的补充过程。生成数据的方法在项目的计划阶段就应该被确定。现在到了生成数据的阶段了，数据涉及时间、费用、范围，以及其他的项目约束条件，项目的组成部分正被有效地管理。运用标准方法进行项目追踪。项目的绿色度组成部分是需要定期追踪的众多项目组成部分之一，因此应该被包括在内。对绿色度里程碑的追踪和对常规项目里程碑的追踪不需要有区别，也不应该有区别。自然而然地接受绿色度是十分重要的。

创建包括绿色度在内的良好沟通计划至关重要。绿色度追踪需要包含在进度报告机制中。

状态及进度报告

状态报告是指在特定时间点就项目工作及时报告，而进度报告是报告项目在特定时间段的工作。项目状态报告需要注意两个问题，即时报告和定时报告。即时报告是将即将发生的影响项目进度、费用、范围或绿色度的问题传达给正确的人员。在沟通管理计划中，有一份说明在紧急情况下哪些利益相关者需要沟通的线路图。这应该是项目规划阶段逐层上报过程以及确定危险过程的一部分（见第 5 章），并且在项目沟通计划中也有详细阐述。虽然可以提供更多的信息，但是至少需要提供以下信息：

1）是谁接受了问题，为什么；

2）问题是什么；

3）谁需要回应这些问题；

4）进度、范围、费用、绿色度，哪一方面受到了影响；

5）对项目可能造成的损失；

6）解决方案（可行的）和所需要的行动，包括需要做出回应的时间；

7）如果没有解决方案，需要采取什么行动。

定时报告指在规定的时间发布报告，比如每周、每月等，定时报告既用于状态报告，也用于进度报告。定时报告包括项目的进度、成本、范围和绿色度信息，但我们建议生成该报告时也要包括项目过程绿色度的状态和进度。由于该报告的性质，报告只会提供给项目团队和赞助者。追踪项目绿色度工作效果的主要目的在于让项目团队和赞助商来评估项目是否达到预期的收益，讨论这些收益具体是什么。这样做有利于项目团队和赞助商调整项目过程的绿色度，获得最大的价值。

状态和进度信息的性质以及项目生命周期的不同阶段将决定报告发布的频率。在项目规划的早期阶段和项目实施的早期阶段，可能比规划和实施工作的后期稳定阶段需要更频繁的互动。每个项目的信息发布频率不同，但都需要状态、进度信息和解释说明变化的沟通计划。由于项目进度绿色报告是一种新的报告机制，而绿色度则是一个新的报告主题，我们建议经常发布该项报告，至少每两周进行一次。

7.5　利用社交媒体进行绿色交流

培养项目参与人员"团队"意识最快最好的方法之一就是社交网络，即使这个团队的成员分散在世界各地。社交网络是如何帮助项目经理将绿色度添加到项目中的呢？为了回答这个问题，我们可以简单浏览一些通用网站、专业业务网站、项目专业管理和绿色项目专业管理的网站。

分享视频是一种流行的社交网络方式，目前最受欢迎的发布视频的网站是YouTube。有几种使用这个视频网站加强项目沟通的方法。一种方法是使用项目视频跟踪其进度。如果碰巧是建设项目，当具有里程碑意义的施工完成时，发布视频就比较合适，比如可以拍一个基础完工的视频。如果一张照片的价值胜过千言万语，那么视频的价值就是无法衡量的。这种方法与传统的沟通方法比起来，不仅能让利益相关者随时了解情况，而且还节约了无数的时间资源，使用免费的电子媒介也节省了金融资源。虽然使用YouTube视频这种方式需要花一些时间准备资料，但是准备和传递资料的总时间比其他交流方式少得多，比如纸质报告。

推特（Twitter）是独特的社交网络。它被紧急救援人员、美国总统、美国国家航空航天局（NASA）和其他组织使用。使用推特似乎有点小题大做，但那些组织正使用它来传递信息，为什么项目经理不使用推特呢？推特140个字符的限制使它成为项目团队成员之间快速沟通的理想方式。如果需要更长字符的消息，电子邮件是很好的跟进方法，但"推文（tweet）"能够提醒成员注意问题以及即将到来的后续工作，由此产生的绿色成本节约显而易见。

最出名的商业社交网络可能是LinkedIn，它成立于2002年，是最早的社交网络之一，由于许多团体在这个网站注册，所以它是最广泛的社交网络。几乎所有业务都有LinkedIn的组和群。例如：写作方面——Mafia编写，绿色传播者，GWEEN（绿色作家不断发展的网络）；项目管理方面——PMI® Certifed PMPs®，项目管理链接，绿色项目经理（子群），EarthPM™。

项目经理的创造力会限制他们使用沟通渠道。在项目执行阶段，它可以用来告知特定团队需要做什么，它有助于找到主题问题专家提升项目的专家判断力，对于项目经理来说，它是必不可少的、有效的工具。

特别是像Gantthead.com（40万以上成员）这样特定的目标群体，对于项目经理来说是额外的资源。这些类型的网站可以使项目经理常用的管理工具集更强大，并能让项目经理进一步发现潜在的问题和机遇。它还可以成为项目经理在项目中讨论潜在的问题和机会的"共鸣板"。指导和管理项目的关键任务之一就是培训和管理项目工作人员。那些群体可以给特定资源提供额外指导，帮助项目经理完成任务。白皮书、有用的网站、在线教育机会都属于他们提供的指导范围。

最后，还有一些网站比如美国网络招聘商（Monster. com）可以节省项目管理的资源。这些网站能够提供即时信息，让项目经理能够快速、有效地筛选潜在的候选人（永久性的工作人员或顾问）。项目执行阶段的人员配置是项目计划中的另外一个问题。

文献搜索显示，项目经理 60％到 80％的时间用于沟通交流工作。如果使用社交媒体可以为项目经理节约 20％或者更多的时间（有限的项目资源），如果是一个大型项目，就意味着可能会节省数万美元。此外，社交网络的使用正在利用电子媒体的优势来获取项目的信息，而不是通过纸张或会议，这样就减少了项目的碳足迹。而且，使用社交网络可以轻松、快速地接触到各种各样的人，另外一个很重要的优点就是降低风险。

7.6 绿色度任务的执行

在项目的这个阶段，确保规划阶段描述和确定的绿色度工作能够正确执行很重要。这是项目最具激情和活力的阶段。现在，所有计划的工作即将完成。这也是项目团队重点关注项目"产品"，对项目的其他功能，例如质量保证和绿色度（产品或工艺）等方面关注较少的阶段。但是，对绿色度而言，这个阶段非常关键。由于绿色度是一个相对新的概念，如果此时不将注意力放在绿色度上，将会很明确地传达出"绿色度并不重要"的信息。这当然不是我们想要传达的消息。管理项目的绿色度是项目管理功能的必要组成部分，必须多加思考。事实上，出于这个原因，我们必须更加关注绿色度。因为这是我们定义的一个相对新的功能，它并不是很好理解。必须更加地重视绿色度，从而能够理解其中的意义，使项目的绿色度承诺仍然有力，并实现承诺。现在的问题是如何为项目的产品和流程营造强烈的绿色环保意识。

沟通时有一点需要记住，利用不同的社交网络有助于积累经验。

对于房地产经纪人来说，重要的是"位置，位置，位置"。对于项目经理同样重要的是"沟通，沟通，沟通"——和项目内部团队、项目间的团队和外部利益相关者进行沟通交流。像预警和逐层上报流程（见第 5 章）这样的警报机制，是沟通领域中的一部分，必须对项目绿色度要求的任何变化进行监管。团队内部沟通的即时性对于持续关注项目绿色度至关重要。项目团队是保护项目绿色度的第一道防线。任何影响项目度的问题一出现就必须立即引起项目经理的注意。因为绿色度工作的敏感性，如果不能立即报告、确认收到和解决这些问题，可能就会导致他人产生一种项目团队缺乏使命感的认知。如果团队被认为缺乏使命感，那么项目的绿色度工作就能被视为无关紧要。在这里，事实胜于雄辩，你的项目团队也在有意无意地向别的团队传达"这种信息"，别的更大的机构也会通过这些表现作出评价。项目经理要意识到这件事的影响，并且要将团队带领成一个先锋模范团队，而不仅仅只是一个项目团队。这是项目经理的工作。出于同样的原因，要定期举行项目状态会议，在项目的绿色度任务关键部署阶段，要更频繁地举行状态会议。目的是为了密切关注项目的绿色效应，避免出现之前所说的情况。我们都知道范围蔓延。在这里我们谈论的是避免"希望蔓延"，当个人工作滞后时会"希望"赶上，所以他们会尽力去工作而不受牵引，形成工作蔓延，危及他们可交付的工作。这也是我们在前期监测各项事务时应尽力避免的事情。另一种鼓励项目团队内部交流的技巧是营造一个允许传递坏消息的环境。项目经理需要营造一个只要有任何问题就可以举手示意的团队环境，特别是关于项目的绿色度工作部署问题。对绿色度而言，做到这一点可能会更容易一点，因为它是一个相对新而且也不容易理解的概念，所以在这方面自然存在疑问。请注意，我们并不是声称项目的绿色环保工作比项目其他各方面工作都重要。只是在这这本书中，谈论的重点是项目的绿色度。

7.7 绿色度问题的警示标志

7.7.1 资源的不稳定性

通过对项目绿色度资源的审查可以获得大量与绿色度工作有关的有效信息。团队成员的工作态度直接与项目的成功几率成正比。当团队成员关心项目趋势时，尤其是关心项目产品和过程在绿色度方面的工作时，他们可能会产生不同的反应。如果是消极的反应，这种态度将会影响团队成员的行为，表现为项目成员旷工或者情绪变化。资源不稳定的另一个迹象是项目绿色度工作的预算和经费减少。第三个迹象是供应商的承诺不能落实。供应商会为他们未能满足原始协议中的绿色度标准的行为而辩解。

7.7.2 战略方向的变更

随着项目的推进，项目管理层最初的保证将逐渐减弱，特别是当项目遇到困难时，例如成本或进度出现问题。绿色度是第一个削减对象，因为它是一个新的因素，因此它没有所谓的长期承诺。

7.7.3 风险与回报

一些绿色度问题可能会产生较高的成本。特别是从微观层面看，这个问题非常明显。如果不全面考虑整个项目，项目开展绿色度工作看上去可能对组织的投资回报率没有好处。结果可能就是绿色度被牺牲，变成我们的一个错误决定。

7.7.4 工作负载队列

在第 10 章中将详细介绍这一点，但现在我们希望你了解项目中资源浪费及工作堆积的概念，这个概念可作为项目是否正在浪费（缺乏绿色度）的指标。项目决策是在"全球化"的环境中进行，包括情感和政治方面。从政治方面看，绿色度是一个烫手山芋，双方都在争论。虽然支持绿色度的一方似乎取得了成功，但我们认为理由并不充分。绿色度工作将被证明有益于每个人，有益于环境、社会责任等方面，因为从长远角度来看，绿色度工作将节省我们的资金。因此，项目经理必须警惕绿色度可能出现的问题，特别是在项目的执行阶段。

7.8 供应商的绿色度

在项目实施期间，项目团队有机会来监管项目供应商的绿色度。项目经理不会在供应商管理方面投入大量的精力。一般认为，一旦双方作出承诺，签署合同协议，供应商将遵从项目方需求，并且项目团队也将追踪那些具有里程碑意义的事件、需交付的成果和规定的质量要求。绿色度工作有所不同。正如规划阶段所述，只有项目对供应商的影响才能限定供应商绿色度需求的深度。项目在经济、与供应商商业理念的一致性等方面对供应商的影响越大，项目经理要求供应商遵循在项目计划阶段制定的绿色度要求的影响力就越大。而这些要求在项目计划阶段已传达给供应商。

项目团队监测工作的深度取决于绿色度需求的复杂性。例如，如果供应商同意使用电子发票，那么检查供应商是否满足要求将变得很容易。但是，如果供应商同意减少使用电子发票来减少其碳足迹，团队有可能需要供应商减少其能源消耗的正式报告，当然是电子报告。请记住，不管每个项目的预期目标如何，每个项目的供应商都会涉及环保问题，虽然这些问题不是很明显。项目绿色度工作可能包括一些额外的成本。在供应商选择阶段应计划这些成本，并在预算阶段将之增加到绿色度承诺中。

绿色采购领域有相当丰富的知识，详情请参阅第 14 章。

7.9　绿色度经验总结

所有的项目经理都知道，避免未来项目出现问题最好的方法之一就是总结经验教训。对于绿色度工作来说，经验总结变得尤为重要。因为它不仅涉及项目产品，也涉及项目管理的基本方法的潜在变化。因此，准确记录项目团队在绿色度执行过程中以及项目执行过程中汲取的经验教训很重要。当第一次把绿色度工作纳入项目工作时，这点尤为重要。

参 考 文 献

［1］　EarthPM，*EarthPM's Five Assertions of Green Project Management*，part of mission statement，2007 ©.

第 8 章　带上计时器（监测与控制）

项目经理及其管理团队的主要职责之一是对项目进行监测和控制以确保项目计划的有效执行。监测主要指收集、记录和了解项目进展情况的过程，控制则是运用采集到的数据进行项目决策。

DIKW 金 字 塔

我们普遍认为项目经理的主要职能就是把数据转化为信息、知识甚至决策，就是所谓的知识-DIKW 金字塔。

数据（Data）是指一些没有以任何特定方式组织整理过的项目信息。比如，一封电子邮件中杂乱地写着电话号码、试验方法、温度值和网址。

信息（Information）则是一种看似混乱但有序的状态。比如我们看到一份利益相关者联系人列表，这份列表进行了组织和分类，即分为内部和外部的利益相关者，他们是否具有高风险或低风险容忍度、对项目赞成还是反对，都附有联系号码。

知识（Knowledge）指利用信息来传达一些重要的意义。因此，当我们整理组织好利益相关者的信息后，我们不仅可以知道他们的电话号码和电子邮件地址，还可了解他们的重要行为。例如，当某个利益相关者给我们打电话时，我们可能会想起第二天要去给另外一个利益相关者过生日。虽然是浅显的例子，但它能帮助你理解。

智慧（Wisdom）可以被定义为应用数据、信息和知识等智能和经验来实现共同利益。项目经理收集所有可能的信息，并将其与经验相结合以达到智慧的这个阶段，也就是在知识金字塔的顶端。

项目计划的执行主要是按照第 7 章所述的方法。项目需要进行监测和控制，包括在第 6 章中定义的绿色度问题，我们将从以下方面监测和控制项目绿色度问题：

- 范围
- 进度
- 成本
- 质量
- 风险

- 绩效报告
- 采购
- 采取适当的措施
  - 调整
  - 预防
  - 急救

如果没有对项目的"健康"进行适当和严格的监督，就不可能确保项目成功达到或超过利益相关者的期望。对绿色度的承诺是成功的标准之一。项目经理已习惯于监测和控制传统的各个项目阶段。我们专注于监测和控制项目的绿色环保方面，因为在项目计划中对绿色因素的考虑是一个相对较新的概念，因此可能会增加一定的复杂性。我们认为这是从环境方面评价项目的另一个特点。无论项目经理多么熟悉传统项目的监测与控制，但对于绿色项目计划的执行一开始都是不熟悉的。相比那些常规项目的监测和控制，就需要付出更多的努力。项目管理团队可能对项目绿色问题的监测和控制更加陌生。由于这些不确定性，必须建立一个良好的监测和控制程序并整合项目经理及其团队所确定的绿色问题。

作为教育工作者，我们总是很乐意让那些有丰富经验的项目经理在课上发表他们对项目管理的看法。例如，曾经就有同学在班上分享了"项目的六个真实阶段"。这是对项目管理一种诙谐的看法。对这个"主题"的理解有很多分歧，但是我们还是比较喜欢以下这种理解。

阶段 1：热情

阶段 2：幻灭

阶段 3：恐慌

阶段 4：找错误

阶段 5：惩罚无辜者

阶段 6：对非参与者的赞扬

这很可笑，但它确实有一定道理。从这件有趣的事情可以认识到一点：这个幽默的观点可以提醒你提防项目陷入困境，这其中也包含了些许事实。

监测和控制项目的结果和过程确实有助于避免从阶段 2 到阶段 6 的过程中出现所描述的问题。

8.1　绿色度数据的收集和分析

采集项目数据有许多有效的方法，它们都源于观察。简而言之，观察就是监测事先确定的项目指标。其中一个指标就是项目关键的里程碑事件。里程碑是指在一些时间点项目的计划任务完成。有时我们称之为"锚点"，通过控制固定时间点，比如说一个季度末或投标截止日期，而控制整个项目的进度。从绿色角度看，比如我们做一个软件项目，在某个月的第一天，可回收包装设计结束，这就是一个里程碑，这些里程碑都是由项目经理一一确定的。当到达里程碑时间点时，项目经理可以通过对已完成的量进行测量，从而对项目进程进行预测。如果到了既定时间，里程碑事件没有完成，就需要项目管理团队检查所有的限制条件，然后考虑重新制订计划。还是刚才的例子，团队可能会及时复核那个时间点的成本和包装设计质量。越重要的任务，里程碑时间点的设置就应越频繁。对涉及项目绿色度的任务也是这样，对项目来说，它们是一些相对较新的任务，所以更应该密切监视。任何在争取时间或降低成本与绿色包装之间权衡的行为都应受到环境管理计划的审查。这时要警惕绿色度出现问题：这就是监测并采取控制措施和仅监测的差别。另一种监测工具是环境管理赢得值系统，在后面的段落中将介绍该系统，将有助于确定项目绿色度是否存在偏差。观察项目绿色度的"健康状况"以及项目其他方面的"健康状况"对项目的成功至关重要。认真监测的目的在于在还有时间采取应对措施的时候发现问题，即使这甚至意味着结束项目。惊人的统计数据表明，那些熟悉大型政府项目的人可能已经意识到对于仅完成 20% 的项目而言，如果进度滞后或预算超支，那么在接下来的项目过程中这些方面将很难得到弥补。

绿色数据的分析过程包括对项目绿色度所做工作相关数据的收集和分析，找到一些参考点来了解其成效如何，如果一直保持某种状态，再考虑是否需要采取一些纠偏措施。这期间的数据可能通过许多定性和定量的方法才能得到。相对而言这些数据比较容易获得。在赢得值管理的偏差分析过程中经常用到项目的计划进度和预算。赢得值管理不考虑细节方面，比如说在一个项目中应该采取什么具体措施，但它可以为我们了解项目执行过程中各时间点是否存在进度和成本偏差提供一种测量工具。记得我们之前所说的把数据转化为信息、知识和智慧吗？赢得值就是一种实现这种转换的方法。想知道为什么人们使用这种方法吗？可以参考本章末的插图"赢得值案例"。在任何情况下，赢得值方法通过赢得值（EV）和实际成本（AC）来确定是否存在成本偏差，通过赢得值和计划值（PV）来确定是否存在进度偏差。确定是否存在进度偏差的公式为：SV＝EV－PV。SV 为正或负都表明存在进度偏差。确定是否存在成本偏差的公式为：CV＝EV－AC。CV 为正或负表明都存在成本偏差。这些数据并不是很确切，但它可以提醒项目经理确实存在偏差，进一步的工作就需要分析产生偏差的原因。

环境赢得值专门用于确定项目的绿色度是否存在偏差。为什么绿色度必须有它自己的衡量标准呢？项目经理使用环境赢得值了解项目的绿色度就好比在工作分解结构中查看一个特定的任务。运用挣值管理系统（使用 EV）观察项目的一系列工作从而得到整体的进度和成本偏差是可行的。例如，在同一个时间点对六个任务进行检查，有些进度超前，有些滞后，净赢得值就可能为 0。环境赢得值管理则不同，因为任务已经包含了环境因素。虽然绿色度必须是"内在"的，但是许多任务中的绿色度部分可以分离出来，并且出于监控的目的，还是按照这种方法进行管理。再者，因其在数量上明显少于项目的其他工作，所以单独分析它们难度不大。

收集项目数据的其他方法还包括访问项目成员来了解是否有努力、功能和希望蔓延[1]。是否所有的团队成员都有工作动力，或者他们是否尽最大的能力工作而取得不了任何成效（努力蔓延）？是否存在有的团队成员进度滞后却希望跟上进度（希望蔓延）？是否有成员提出对项目进行"镀金"的要求，给项目增加一些项目范围之外的功能（功能蔓延）？

应注意这个问题可能产生两种极端情况。也就是说，可能有些比较积极，以绿色度为中心的人（所谓的"环境保护狂"），他们可能过度关注项目的绿色环保方面。也有些人对这些方面不太重视，比较踌躇。这两者都有自己的问题。应当知道，既然团队已经考虑项目的绿色因素，就应当付出一定的努力：对于这项工作既不要抵制也不要过度强调。

收集项目绿色度定性数据的有效方法包括访谈和小组讨论。通过利益相关者对项目绿色度的看法，项目经理可以评估其重要性，因而访谈和小组讨论是最有效的方法。这很重要，由于一开始有的人可能会阻碍绿色方面的工作，也有人会对漂绿和环境保护狂进行谴责，还有的人对任何新事物都不太情愿接受。访谈和小组讨论将针对"温和的"问题提供数据。"你对绿色项目的真实感受如何？"注意，绿色项目管理还处于起步阶段，要用项目管理自身起步阶段的管理方式对其进行管理。我们在多次访谈中发现：对于要求考虑绿色的项目，即使是项目的主要领导者，他们也不是很了解他们项目的绿色度问题。这使我们感到很奇怪，但回想起来这可能更使他们感到惊讶。出于对项目团队和其他建设者的尊重，请记住人们普遍不相信变化并且不乐于接受新事物。最初，人们对项目管理和项目经理总是持怀疑态度，将其视为负担，认为没有太多价值。这种想法已经被证实是错误的，当下人们对绿色项目的态度也将如此。

8.2 绿色度成效评价

为了了解评价一个项目绿色度成效的复杂程度，有必要对绿色度的每一个元素进行研究。非产品输出（NPO）是项目经理需要监测和控制的绿色元素之一。NPO 在第 3 章中被定义为："当所有重新设计和节约资源的方法用完以后，优先考虑再次使用或回收利用剩余资源"，然而我们这里所说的 NPO 是指那些已经被定义了的。NPO 的一个例子是项目的碳排放。一旦实施项目计划中提出的工作，这些工作就会通过成效评价进行监控。例如，当这些工作实施后，还会采用那些预期的补救措施吗？项目经理是如何衡量这项工作的成功与否？其中一个方法就是看项目自身的能源消耗。例如，项目管理团队在完成这些工作后可以实现多大程度的节约？在晚上和周末，电脑和其他的电器是否关闭？在公共场所是否安装运动感应灯？台灯不用时是否关闭？办公室是否尽量使用自然采光？办公室（包括家庭办公室）是否安装自动调温器？

为了做到这些，必须从建立基线开始。对于绿色度而言，如果不想做其他工作的话，至少要抓住机会去为一个典型项目建立基线（假设你认为项目的程序和投资组合存在某种模糊的主题）。我们需要找一个基准做比较，所以基线这个概念显得极其重要。透过基线可以检查项目的环境管理计划或者其他的参照和目标改进。比如说，通过与基线相比，你至少可以说你已经实现百分之几的能源节约，因为你可以将它与基线进行比较。

8.3 控制问题

出现问题是不可避免的，这就需要采取控制措施。其实就是缩小项目实施过程和计划阶段之间的差异。如前所述，在任何时间点都有许多方法评估项目的绿色度，以及确定进展情况。这些问题大致可以分为几类：人力资源问题（包括效率低和希望蔓延）、供应商和设备问题、成本和预算问题、项目变更、计划和非计划范围内的变更（范围蔓延和功能蔓延）。必须采取方法对这些问题进行识别和控制以减小对项目的影响。

由于绿色度比较敏感，才刚刚兴起，还处于探索阶段，因此项目经理必须认真纠正项目中的问题，避免出现类似"政治迫害"的荒唐事。热衷于项目绿色度的项目经理是很容易发现那些不太关心绿色度的成员。这一不小心就可能出现问题。集中精力，采用以过程为导向的方式处理问题，使问题不会再次出现，而不是分散注意力。找出那些与这些问题相关的人或组织，也可能会转移人们对真正问题的注意力。人们倾向于关心情绪方面的问题。一旦出现这种情况，它将成为唯一的焦点，至少是对真实问题的一种干扰。所以，改革和创新对绿色度显得尤为重要。"全局观"减少，相比长期利益，人们更看重短期利益。一旦大家都这么认为，项目极有可能在快要完成时被人们的主观臆断所左右，这在项目绿色度方面显得尤为真实。因此把人和问题分开讨论是很有必要的。应使整个团队始终关注（如有必要，可调整）项目的最终目标，这样这个终极目标将与组织的整体投资组合和使命保持一致。

8.4 保持平稳

我们常说，对于绿色项目管理主要有两个方面：即项目的产品和项目生产过程。为使项目顺利进行，需对这两方面进行控制，无论如何至少不能让其太过于失去平衡。要知道，处理绿色度问题就好比在惊涛骇浪中航行。对项目的每个过程进行管理和控制的一个有效方法就是定期进行流程审查。我们是如何应对诸如节能、电子信息传输、视频会议等项目过程的绿色度问题呢？如果有可能，这些方面应该以量化指标来表示，而不是一些深奥的定性评估。这让我们回想起之前提到的基准测试的必要性。

利用（与团队成员）访谈时收集到的数据，检查人员分配、了解项目成员感觉怎么样，检查是否存在希望或工作蔓延。由于项目绿色度有许多不确定性，在项目早期，项目的复查工作需要尽可能频繁。项目经理不仅需要了解所带团队完成项目绿色度工作的能力，还需要额外的指导以帮助他们了解所要达到的效果。团队成员对项目绿色度的工作有一个很好的认识将更有利于让他们接受这个项目。如果得不到他们的认同，项目将很难成功。应该深刻认识到让团队成员理解并按要求完成项目绿色度工作是有好处的。"绿色浪潮"到来。了解事情的态势可以使团队成员对后续的项目产生灵感，使他们变得更加优秀、更具有竞争力。某些团队成员可能很关心对可持续性的承诺。评估环境赢得值管理（EEVM）的数据可得到有关如何使用资源方面的有用信息。绿色度工作的进度和成本偏差可能导致资源的重新分配。例如，如果资源的成本低于预算，进度滞后，那么多投入资源可能把进度赶上来。对于偏差监测和趋势预测，运用追踪里程碑的方法追踪绿色度工作是一个监测变量和预测未来的极其有效的方法。

这里有一些绿色度里程碑的例子：

- 从项目到组织的环境管理计划（EMP）的建立
- 项目完成或产品成形时的外部审计
- 项目绿色度数据的定期复核
- 个人或团队对实现绿色度目标的重视

8.5 变更控制和绿色度

整体变更控制对于项目的管理是十分重要的。此外，基于项目的复杂性，还可能需要其他的具体变更控制流程，如进度、预算、质量、风险或其他流程。我们建议，由于项目的绿色度代表了项目管理的一个新层面，应该为项目采用特定的绿色度变更控制流程（GCCP）（当然，它还需要被整合到项目的整体变更控制流程中）。根据 GCCP 的定义，项目经理具有设定控制标准的能力，专门解决如何请求变更的问题，他有权审查，提出改革建议，并决定将如何实施这些变更的问题。GCCP 的目的是建立记录、审查、决定项目绿色度变更的机制，规范管理。

如果对项目可持续性或绿色度过度热情，就会发生绿色度范围蔓延。不同于正常的范围蔓延，当它与组织的环境管理方针契合的时候，这种情况就会得到允许。然而，更有可能发生的情况是绿色度范围缩小。《项目精简》（*Project Shrink*）的作者 Bas de Baar 说："尽管这些声明是对立的，绿色仍可能是首先实施的，所以要小心。"缩减绿色度范围可以使项目成本降低是一种误解。正如我们所指出的，绿色度是免费的，准确地说，做好绿色度管理，不仅项目的绿色度成本会降低，而且项目整体资源成本也会降低。Bas 还指出，在绿色项目管理中，"项目经理比项目管理重要"。他的意思是绿色度的控制的确需要人的参与，而不仅仅只是项目本身。这将取决于人，即项目经理，是否能在绿色度下滑时采取措施。

专门针对绿色度的变更控制系统是必不可少的，相对于其他事项而言，应该着重保护项目的绿色度。然而我们也意识到，人们对绿色度的观点也会发生改变。当绿色度对节约和增加项目稀缺资源有利时，越来越多的项目经理会接受这个理念。因此，基于这两个理由，有必要建立一个绿色度变更控制系统。项目经理应要求所有绿色度的变更都遵循变更请求的流程。这个过程应有书面记录，我们建议可以采用电子文档。变更请求流程包括准则升级，这份准则可以让我们了解组织中哪些人员审批请求。例如，在变更请求过程中可能存在这样的原则，若可以表明时间或成本的影响是有限的（小于 5%），那么项目经理可以批准这一请求。该系统包括记录变更请求、检查变更、交流请求结果，追踪变更是否执行或搁置，将变更记入项目计划等流程（图 8.1）。

记录变更请求时需包括以下信息：

（1）信息部分（申请人负责）。

1）追踪编号。

2）申请人名称（可以是任何利益相关者）。

3）变更说明。

4）申请人认为的变更影响（包括危险程度），同时也包括组织 EMP 声明的变更。

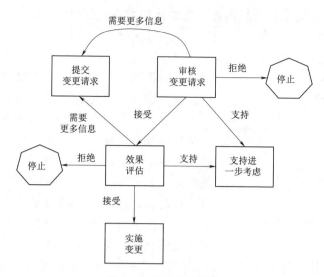

图 8.1 变更控制流程

5）任何可以应对变更的替代方法。

（2）初审部分（项目经理或指定代理人负责）。

1）项目经理认为的变更影响（或其他指定代理人）。

2）向变更委员会提出建议（若设有变更委员会）。

（3）终审部分（变更最权威的负责人）。

1）批准/拒绝/保留意见，进一步研究。

2）批准/拒绝/保留意见的理由。

3）（若批准）时间框架和优先执行。

在此注明一点：可将绿色度变更控制整合到整体变更控制中，如果这样做对项目团队更加有利。在任何情况下，确保绿色度变更的追踪强度不低于其他项目变更。

以非产品输出为例，正确的补救措施之一是在烟囱上加一个烟囱净化器以减少或消除有害物质排放到大气中。

8.6 缓解绿色度问题的有效行为

8.6.1 改善

有时候采取改善措施是必要的，如果有调节的条件，应该在项目的绿色度受损之前进行改善，这一策略的缺点在于它可能包括额外的成本支出，进度和质量也有可能影响项目的绿色度。正如我们之前提到的，在危急关头，绿色度是个易损的目标。由于绿色度是一个相对新的理念，利益相关者不会给绿色度设置同项目其他方面一样的优先权，尤其是在成本上。优先权的级别低会让项目绿色度作为牺牲的备选项而很轻易地被牺牲掉。除非项目经理坚持强调项目对于绿色度的需求（也可能是法律要求），以及绿色度对项目产品和过程的积极影响。强调这两点的原因是因为当利益相关者并不熟悉绿色度时，他们会先考虑项目产品，而不是项目过程。但对于项目经理而言，这是保证项目成功且节约资源的平衡点。如果已经在项目绿色度管理方面取得了一定程度的成功，结果却在项目的执行过程中作出一些妥协，那么为取得成功而做的那些妥协会令人沮丧。改善措施的另一个原则是改善工作要有程序地进行。做到这一点最好的方法之一是使用简易的 PDCA 循环（有时也被称为戴明循环或休哈特周期；见图 8.2）。改善工作的规划应该严谨，在实验的基础上执行、评估，以确保问题能得到解决，然后规范项目。

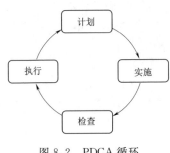

图 8.2　PDCA 循环

积极地将绿色度导入项目中是预防性策略的典型案例。

8.6.2　预防

有意识地监测项目是及早发现需要加以控制的问题并做好预防措施的更好的方法。而工作规划是预测绿色度问题和风险的最佳平台，在项目执行过程中，环境可能改变。项目工期越长，项目环境改变的可能性就越大。项目计划、执行、检测都处于动态环境中，绿色度这个新流程的加入使项目的动态环境更复杂。社会的可持续发展问题是动态环境中的一个重要领域。下列各方面要保持平衡：社会、科技和环境。

这里有一些美国宇航局[2]关于在动态环境中工作的建议。

8.6.2.1　适应变化的计划和控制

（1）采用基于学习的规划思维方式：从客户的需求开始定义项目的目标，但不要在看到解决方案和方法之前下定论。

（2）尽早开始规划，且规划和控制过程是变化发展的：在项目生命期内，持续不断、全面地从环境、计划假设以及项目成效的变化中收集反馈信息。

（3）合理利用冗余来遏制不确定性的影响并加强计划的稳定性：增加储备；解除不稳定工作之间的联系；做好对极不确定的和关键任务的应急计划。

8.6.2.2 创建一个以结果为导向的目标

（1）创建并维护一个目标；确定不该做的事。

（2）无论是长期或短期的项目从一开始就专注贯彻目标。特别要准备好有形的中间产品（比如说原型），它能快速提供丰富的反馈信息且客户也容易理解并给予评价。

（3）制定务实的经营方式：也要做好投资规划以对频繁的、不可预料的事件做出迅速回应；在最佳领域寻求解决方案是值得的，但对于项目的其余部分应该做好接受"足够好"的解决方案的准备；对于重复性活动或关键领域（例如，安全问题），应采用正规/标准的工作流程；否则应使用非正式或临时性流程。

8.6.2.3 建立必胜的信念

（1）建立使命感并且"掌握"项目。（在必要时，借助于政治策略，努力推销自己的项目。）

（2）在必要的时候，挑战现状，并愿意承担预期的风险。

（3）持之以恒；在得到相应权利前不断尝试。但要明白有时候也要学会改变或让步。

8.6.2.4 通过相互依存和信任来合作

（1）认真对待招聘，在寻找合适人选上尽可能多花精力。

（2）发展基于信任的团队合作，确保团队成员相互依存，并拥有相同的信念，即他们共同对项目成果负责。

（3）在整个项目生命期内，评估团队运作，确保其对项目目标的准确定位，并使其保持活力。

8.6.2.5 集中推送信息

（1）在团队包括所有项目利益相关人之间频繁且大力地推送（询问并提供）信息。

（2）采用多种通信媒介；尤其是广泛而频繁的面对面交流，并使用现代信息技术。

（3）采用移动的通信方式。（移动通信可以帮助你更好地了解项目运行情况，并能以及时、自然且微妙的方式影响人们的行为，进而影响项目的成效。）

购买碳补贴是个不错的权宜之计。它可以作为一个持续有效地减少二氧化碳排放量的措施来使用，而不只是减少排放的替代品。

8.6.3 临时措施

亡羊补牢！任何项目最不理想的解决方案就是紧急救援。因为这种方案意味着别无他法，只能临时补救，也称作变通方案。这并不是一个可以永久地从根本上解决问题的方法，尽管只要这些"补丁"都做到位，问题就解决了，除非有意地使事故再次发生，这些补救会一直发挥作用，直到它们再次损坏。与其采用这种方式，不如多花些时间完全解决问题。这些临时措施会不可避免地在日后失效。由于只有少数利益相关者对于绿色度问题有着和绿色项目经理、团队同样的紧迫感。所以给项目的绿色度提个醒：稍不留神就会依赖临时措施而忽略永久性的解决方案。

赢得值法的案例

我们完成了多少？

• 让我们假设你在项目中有一个这样的任务：利用 10 种生产工具改造热水器，提高它们的能量利用率。你有 4 周的时间来改造这些完全一样的热水器，每个热水器预计耗时 20 个工时——总共 200 工时，每小时 50 美元。换句话说，你给劳工的预算一共有 10000 美元。材料由政府的激励授权资金提供（以热水器装备升级的形式），因此没有材料预期成本。

• 到达时限中点（两周结束后）时，你的场地管理员要汇报以下内容：

• 劳工耗费：120 工时，外加 500 美元的材料费（预期外的特殊工具和配件购买）

• 已安装的热水器数量：4

• 那么……我们完成了多少了？

• 是否因为已经得到了 4 个成品而认为已经完成了 40％？

• 是否因为已经耗用了两周时间而认为已经完成了 50％？

• 是否因为已经耗用了 200 个工时中的 120 个工时而认为已经完成了 60％？

• 是否因为已经花费了 10000 美元预算中的 6500 美元而认为已经完成了 65％？

• 如你所见，在进展中会得到一些含糊不清的报告。赢得值法专门针对货币化单位，避免歧义，并以标准化的方式报告进展情况。

以此为例，我们可以计算出赢得值（EV）如下：

• 总预算为 200 工时×50 美元/小时，即 10000 美元，即每个热水器 1000 美元。

• EV＝4（已安装热水器数）×1000 美元（每台热水器的计划开支）＝4000 美元。

• AC＝劳务＋材料费用（120 小时×50 美元/小时）＋500 美元，即 6500 美元。

• PV＝第二周预计总开销＝10000/2，即 5000 美元。

通过这三个基础数据，我们可以计算出各项差值和指数：

- 费用偏差（CV）＝EV－AC＝4000－6500＝－2500 美元

我们超支了 2500 美元！

- 进度偏差（SV）＝EV－PV＝4000－5000＝－1000 美元

我们落后进度 1000 美元（一种特殊但标准的表达进度的方式）

- 消费价格指数（CPI）＝EV/AC＝$4000/$6500＝0.6153

我们每花一美元，大概只达成了 62 美分的价值。

- 进度执行指数（SPI）＝EV/PV＝$4000/$5000＝0.8

我们每投入一个小时，只完成了计划的 80%。

这超出了本书的范围，但我们也可以利用这些数字预测项目完成时的指标。比如说，在这种情况下，我们可以利用 10000 美元的完工预算成本（BAC），通过划分 CPI 得到预计完成量（EAC），以估算最终工程费用，在时限中点给出数据。如下：

- EAC＝BAC/CPI＝$10000/0.6153＝$16252

参 考 文 献

[1] Robert K. Wysocki, Robert Beck Jr., and David Beck, *Effective Project Management*, 2nd ed., (New York: Wiley, 2000).

[2] Alexander Laufer, "Managing Projects in a Dynamic Environment: Results - Focused Leadership".

第三部分

接 近 终 点 线

It is good to have an end to journey toward, but it is the journey that matters in the end.

在人生旅途中，最重要的是感悟人生经历，其次才是收获结果。

Ursula K. LeGuin

第9章 是开始还是结束？

著名的荷兰作家 Harry Mulish 组织编写了一本鸿篇巨制《发现天堂》[1]（*The Discovery of Heaven*），总共分为四大块。他给它们分别命名为：开始的开始、开始的结局、结局的开始、结局的结局。

9.1 地球的天堂

Mulish 为我们提供了一个有趣的方式来思考他的书（顺便说一下，这本书已经拍成了一部优秀电影），同时它也为我们所从事的项目提供了一种思考方式。更重要的是，这是一个评判项目产品的好办法。事实上，我们可以从《发现天堂》中吸取教训，并将其应用到地球上。我们可以说项目通常只涉及前两个部分。我们从最初的构思开始，发展到大批量生产或稳定运行的程度。无论是一座桥，一个销售培训项目，一个新的软件，或者一个风力发电厂，作为项目经理的我们把最初的想法变成稳定状态。而讽刺的是，我们往往不关注稳定状态，而是关注开始的开始和开始的结束——这个到达稳定状态的过程。这里，前两部分，确实有绿色节能的考虑，但是他们专注于项目本身和项目团队本身使用的资源。他们不关注长期问题如产品制造、使用和处置过程中会发生什么情况。

想想看：你可以作为一个消费者，但实际上你消费的东西很少——一些食物，一些液体。其他一切在用完之后就会被扔掉。但在哪里"离开"？当然，并不存在"离开"。"离开"已经消失。[2]

——William McDonough and Michael Braungart（2002）

尽管我们这样做是出于必要（专注于达到稳定状态），但是项目产品在我们交付后不会消失。风力电厂，桥，甚至软件发行，都是由地球上的材料制成的，有生命，也有寿命。它的产生对我们的环境有影响，在运行期它是有用的（在此期间有副作用，如消耗品和废物），也必须考虑产品最终处理。我们断言，项目经理，尽管传统上没有这样的任务，也应该思考 Harry Mulisch 的最后两个部分：结束的开始和结束的结束。

9.2　生命周期思维方式的基础

一个人的地板是另一个人的天花板……

图 9.1（EPA，1993）会帮助我们理解。事实上，对项目经理而言，这个图表看起来应该非常熟悉。它反映在项目管理知识体系指南图 42 个过程的任何一个输入、工具、技术和输出中。在这种情况下，输入指原材料和能源，工具和技术指项目的获取、制造过程、使用/再次使用和维护，以及回收和废物管理。输出（当然，除了产品本身）指气体排放，水和固体废物，副产物和其他产物。图纸底部的描述也许是最重要的部分：系统边界。稍后我们讨论生命周期评估（LCA）的细节时再来讨论这个问题。

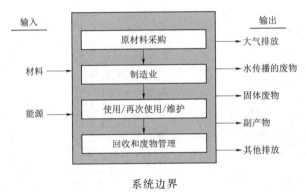

图 9.1　输入和输出

LCA 和其他基于生命周期的方法（但是也有人将之称为 LCA）有时会混淆。构建整个产品系统模型时，由于缺乏现成的生命周期库存数据，简化 LCA 一直是必要的。有时它由特定利益驱动。

• 基于生命周期的方法是使用生命周期概念从始至终考察产品系统，但这项研究限定在预先确定的领域，如能源消耗、全球变暖或材料使用。

• 运用生命周期的概念或生命周期思维方式考虑工业体系中所有相互关联的活动从始至终的发展，即考虑了产品的整个生命周期。信息是可以定性的，也可以使用非常一般的定量数据。使用生命周期思维方式的好处是有利于了解产品的整个生命周期。

• 生命周期评估是一种标准化方法，用于量化使用的自然资源以及排放到环境中的废物；评估这些量的影响；找到影响环境改善的机会。

• 筛选/改进 LCA 是指 LCA 方法的简化应用，通常首先尝试收集数据和信息，例如，使用通用数据，运输或能源生产的标准模块等，然后进行简化的评估。

• 详细的 LCA 用于更全面的定量数据，并纳入所有与环境有关的生命周期影响评估。详细的评估通常涉及到数据收集、影响评估和范围界定的多重迭代。

必然地，所有的 LCA 研究都是精简的。全球互联的工业流程如此广泛，以至于全面考虑所有相互依赖的流程是不切实际的。所以精简模式会被采用。精简是否可行不是一个问题，这里只有精简多少才合适的问题，精简且结果仍然有意义。

• 基于生命周期的方法（除了 LCA）应用生命周期的概念，观察产品系统从摇篮到坟墓的整个过程，但是将研究限制在值得关注的预选领域。生命周期温室气体分析就是一个例子，它分析潜在温室气体排放从摇篮到坟墓的整个过程，来达到评估潜在的全球气候变化影响的目的。碳足迹是相似的。这些类型的基于生命周期的研究需要考虑整个生命周期，但只考虑感兴趣的输入和输出。

• 生命周期管理（LCM）将不同工具产生的信息集成，LCA 就是其中之一。LCA 获取环境信息，但也需要包含其他因素，如成本、性能、风险、社区等。将在后文继续讨论 LCM。LCA 是一种获取环境信息的有效工具，但是也需要经济和社会需求等其他方面的信息。LCM 这个术语越来越受欢迎，它抓住了拓宽研究范围以帮助决策者实现可持续发展目标的概念。LCM 的目标是集成不同工具所产生的信息来解决产品、服务和组织在风险、经济、技术和社会及环境方面存在的问题。LCM 与其他项目管理工具一样，它的使用基于自愿的原则，它可以适应各个项目及其组织的特定需求和特点。

LCA 的整体分析是可持续发展的基石。LCA 是一种有效的工具，用于识别工业运营中持续改进的机会，并将我们推向正确的战略方向。

历史充满了臭名昭著的故事，在那些故事中，"善意"出了错。为了防止组织选择可能最终对环境造成破坏的做法，需要一个全面的工具。

通往（环境）地狱的道路是由善意铺成的。

长久以来，我们总是在解决一个问题的同时又不知不觉创造了另一个问题，而这往往会带来更加严重的长期后果。例如，野葛，一种亚洲的藤蔓植物，作为一种预防土方侵蚀的方法被引入美国东南部，而现在变得不可控制并被认为是一种生物入侵。在 20 世纪三四十年代，许多城市认为有轨电车轨道和架空电线很难看，他们争先恐后地用化石燃料汽车取代这种陈旧低效的交通方式。一些人声称这是汽车制造商、石油公司和轮胎制造商在为他们的产品寻找更大市场而制造的"巨大的有轨电车的阴谋"。今天，这些城市又在花费数百万重建铁路，以减少交通堵塞，降低空气污染，遏制城市扩张。还有，许多药物能够治愈顽疾，但在后来发现它们会导致可怕的伤害。萨力多胺是最臭名昭著（悲剧）

的例子。但即使大家都熟悉的药物——阿司匹林,也会导致严重的健康问题(例如,儿童的雷氏综合征)。关于环境中药物(PIE)潜在的长期影响的辩论仍在继续,而风险效益不明的药物名单每年都在扩大。同样,那些冒着长期风险获益的项目——转基因(GM)食品和粮食生产乙醇燃料仍然饱受争论[3]。

9.3 生命周期评价

生命周期评估(LCA)是一种可用于整体生命周期思想的基本工具。LCA可以评估累积的环境影响,包括超出传统分析界限的影响。LCA包含产品整个生命周期的影响,全面考察产品的环境影响。它对于评估许多产品系统涉及的相互依赖的过程也很有价值。改变这个系统的某一部分可能会产生意想不到的后果。LCA确定了环境影响从一种媒介到另一种媒介的潜在转移(例如,通过废水污水排放来消除空气污染排放物),或者是从一个生命周期阶段转移到另一个阶段(例如从使用和再使用阶段到原材料获取阶段)。如果没有应用LCA,那转移可能不会被识别并被正确地用于分析,因为它超出了产品设计和选择过程的典型范围或焦点。

在连接系统的不同部分时,LCA技术的应用产生了许多意想不到的、非直观的结果。对于源自天然生物原料的产品尤为如此,如由谷物制成的各种产品,包括包装袋、杯子、盘子和生物乙醇,仅举几例。通常认为这些产品比那些由不可再生石油原料制成的同类产品更环保。但是,如果我们把产品生命周期看得更宽泛,就发现种植农作物需要大量的农药、化肥和土地。图 9.2(该地图系原文插附地图)显示了农田中的肥料流进水道,最终进入墨西哥湾,造成了缺氧死区(化肥导致藻类大量繁殖,然后随着藻类死亡,它们的腐烂耗尽水中的氧气导致水体出现缺氧的状况)。然而,美国中西部的玉米与千里之外墨西哥湾的水污染问题之间的联系不是马上就很明显。对这类分析采用整体分析的方法强调了替代产品的环境影响可能导致意想不到的后果。

案例:一家公司如何运用生命周期观点改进产品质量

宝洁公司(Procter & Gamble)运用生命周期的观点,通过全面创新来提高产品的环境概况。将分析限制在能源使用方面,对其产品线的研究显示,他们生产的洗衣粉在使用阶段(例如水的加热)的能源价值以前被低估了。

根据他们的计算,如果每个美国家庭用冷水洗衣,每年将会节能 700 亿到 900 亿 kW·h 的能源,这相当于全国家庭能源消费总量的 3%。节省这么多能源相当于每年少向环境中排放 3400 万 t 二氧化碳,这几乎是美国签订《京都议

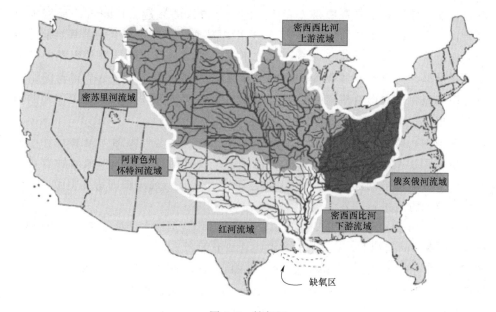

图 9.2 缺氧区

墨西哥湾的缺氧区：大约 7000 平方英里（大约是康涅狄格和罗德岛面积的总和）

定书》目标的 8%。

LCA 被《时代（*Time*)》杂志认定为计算"生态智能"的方法之一，是"当下改变世界的十大理念之一"（2009 年 3 月 23 日）。LCA 是用来了解我们生产和销售的产品对环境的影响的工具。曾有文章写到，我们可以使用 LCA"了解局部选择对全球环境造成的结果"。

那么，最近人们对 LCA 的兴趣日益增长的背后是什么？

全球对于生命周期日益增长的兴趣可以归因于四个主要因素：

1）全球气候变化问题或"阿尔·戈尔（Al Gore）效应"，这个概念被 2006 年的纪录片《难以忽视的真相（*An Inconvenient Truth*）普及》。

2）沃尔玛（Walmart）计划为其销售的产品编制可持续发展指数，其中将会包括生命周期数据。

3）建筑行业专注于绿色建筑和绿色产品（如美国绿色建筑委员会的 LEED 标准）。

4）消费者关心的产品制造商的共性问题是"绿色"。

9.4 简短的历史

LCA 起源于 20 世纪 60 年代。对有限原材料和能源的关切引起了人们探索项目总能源使用和未来资源供应和使用的管理方式的兴趣。1969 年，研究人员开始在美国可口可乐公司（Coca‐Cola）做内部研究，这个研究为美国当前的生命周期总量分析方法奠定了基础。比较不同的饮料容器，确定哪些容器的环境释放量最低，对自然资源供应的影响最小，本研究量化评估了每个容器的制造过程中其原材料和燃料使用的环境载荷。20 世纪 70 年代早期，其他美国和欧洲的公司也进行了类似的生命周期总量分析的比较。

在美国，对于产品的资源利用和环境释放的量化过程被称为资源和环境概况分析（REPA），而在欧洲，称为生态平衡。公共利益集团的形成激励着业界确保公共领域信息的准确性，在 20 世纪 70 年代初，石油短缺的情况刺激这些研究以协议的方式进行开发和进一步发展。

从 1975 年到 1980 年代初，由于石油危机的影响逐渐消失，对环境的关注转移到生活垃圾管理的问题上，从而导致这些综合研究的劲头减弱。然而在这个时候，资源环境概况分析（REPAs）和生态平衡（Ecoblances）的研究继续进行着，研究的规模很小，每年大约两项研究项目，其中大部分集中在能源需求方面。

1988 年，固体废物成为一个全球问题，LCA 再次成为分析环境问题的工具。随着所有领域中人们在资源和环境影响方面的兴趣的日益增加以及人们可持续发展意识的不断增强，LCA 方法再次被改进。在全球范围内，有经验的顾问和研究人员对研究方法进行了进一步精炼和扩展。如同 REPA 那样，需求超越了量化、简单罗列、资源使用和环境排放，随着生命周期影响评估方法的发展，LCA 方法也进入另一个发展点。

在 20 年代 90 年代初期，LCA 再次流行起来，起初主要被公司用来支持环境声明，推销产品或服务，事实上这是 LCA 的一种用途。同样的，1999 年 Rubik 和 Frankl[4] 的调查表明，LCA 通常是用于内部目标的实现，例如产品改进，支持战略选择和基准测试。事实上，对于 LCA 的最好描述来自 Carnegie‐Mellon University 网站，该网站可免费提供 LCA 工具：LCA 是一种调查、估计和评价材料、产品、工艺或服务在其生命周期内造成的环境负担的方法。环境负担包括生产产品所需的原材料和能源，以及生产过程中生成的废物和排放物。通过检查整个生命周期环境的影响，可以得到更加完整的环境影响全貌，权衡从生命周期的一个阶段到另一个阶段的影响。LCA 技术的结果可以用于识别环境影响大的区域，用于评估和改进产品设计。

9.5　LCA 的标准

这一领域的重要组织有环境毒理学和化学团体（SETAC）、联合国环境规划署和国际标准化组织。SETAC 是一个学会组织，定期组织关于 LCA 的会议，特别是关于 LCA 研究方法的会议，并赞助研究未知问题的工作组。它为研究人员和行业代表提供了一个讨论和交流关于方法发展的意见的论坛。1993 年，SETAC 出版了《执业守则（*Code of Practice*)》。它描述了传统 LCA 的组成部分（这个我们后面会讨论）：目标和范围定义、总量分析、影响评估和改进评估。1996 年左右，ISO 开始发展 LCA 标准。他们在 1997 年和 2000 年之间出版了一系列的 LCA 标准。

ISO 认为 LCA 代表"生命周期评估"，而不是"生命周期分析"，因为"分析"的定义为严格的定量工作，而"评估"也考虑了研究过程中的定性信息。

2002 年，联合国环境规划署与 SETAC 启动生命周期计划，建立国际合作伙伴关系。生命周期计划的目的在于把生命周期思维方式付诸实践，通过更精准的数据和指标对辅助性的工具加以改进。

欧盟委员会联合研究中心正在支持建议性的国际方法、指标、参考数据和试点研究的发展，以促进生命周期思维在企业和公共管理部门的应用。欧洲生命评估平台的重点是通过科学的稳健性、质量保证和共识构建等方法提高认识，加强运用。

2006 年，ISO 出版了第二版 LCA 标准。ISO 14040 环境管理—生命周期评估—原则和框架，以及 ISO 14044 环境管理—生命周期评估—需求和指导方针，取消并取代了之前的 LCA 标准。2006 版 ISO 14040 和 14044 主要侧重于可读性和一致性；而技术文档和 1997 版几乎相同。ISO 14040 标准描述了 LCA 的基本原则和框架。你的组织可以将其用作 LCA 应用和局限概述。就像项目管理知识体系指南一样，这些文件并没有规定目标、范围定义、清单、评估影响和解释；相反，它们提供了框架和明确的术语。而且，因为这些标准必须适用于各种各样的实践领域，所以它们在本质上必然是相通的。除此之外，它们提供全面的术语、定义、方法论基础，并针对报告注意事项和批评性审查方法提出了出色的建议。它们还提供 LCA 应用案例的附录。

9.6 基于 LCA 的碳足迹

PAS 2050 是最近由碳基金和 BSI（英国标准协会）推出的。PAS 2050：2008 是一个公开的用来评估产品的生命周期和温室气体排放量的规范。这是一个独立的标准，国际利益相关方和学术界、商界、政府和非政府组织（NGO）的专家为它的制定做出了重要贡献。他们进行了两次正式协商，成立了多个技术工作组。在撰写本文期间，该标准可在相关网站免费获取。

9.7　执行 LCA

作为项目经理，你可能不会是执行 LCA 的员工，但可能的话，你应该促进它的运用并参与其中。当执行 LCA 时，可考虑表 9.1 的指导原则，这些原则来自前面提到的 SETAC 实践代码。

表 9.1　　　　　　　　　　**环境毒理学与化学团体实践代码**

	目　标　声　明
规划	该产品及其替代产品的定义
	系统边界的选择
	环境参数的选择
	综合评估方法的选择
	数据收集的策略
筛查	LCA 的初步执行
	计划的调整
数据收集和数据处理	测量，访谈，文献检索，理论计算，数据库检索，合理推测
	清单计算
评估	根据影响类别对清单分类
	影响类别内的综合（产品描述）
	标准化
	不同类别的权重（估值）
改进考核	敏感性分析
	改进的优先级和可行性评估

9.8　如何推动 LCA 的应用

如果你与你的赞助商想推进 LCA，了解如何使用 LCA，了解 LCA 在产品或服务的开发过程中会产生什么样的信息和影响是很有用的。那么，摘自 Hitch Hiker 的《海奇·海克的 LCA 使用指南》（*Hitch Hiker's Guide to LCA*）[5] 则可在你把 LCA "推销" 给你的开发团队时作为参考（表 9.2）。

118

表 9. 2	推动 LCA 的应用
应 用	方 法 要 求
决策，替代行动/产品之间的选择	反映预期行为后果
市场沟通，例如，环境产品声明	信誉和评审程序要求高透明度
产品开发和采购	结果综合水平高
国家层面的决策，例如，废物处理策略	能代表全国平均水平的数据
识别改进自己产品的可能性	特定场址数据

注 选自 H. Baumann 和 A – M Tillman 的《海奇·海克的 LCA 使用指南（*The Hitch Hiker's Guide to LCA*）》：生命周期评估方法与应用的导向（Lund, Sweden：Studentlitteratur AB, 2004）。引用许可。

9.9 项目产品的生命周期

项目产品在其生命周期的不同阶段将对环境产生不同的影响。从图 9.3 可看出，一些项目的产品在提取或加工时，会使用对环境产生不利影响的材料，但是，被有效利用时，它产生的影响相当小并且可以很容易地被回收再利用，铝制品就是很好的例子。但是，打印机或使用一次性电池的其他产品在用户使用中将对环境产生很大影响，因为它们使用一些"消耗品"（墨盒或电池）。

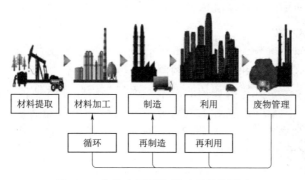

图 9.3 产品在不同阶段对环境的影响

让我们以洗衣机为例：

读者都知道洗衣机需要使用能源和水。然而，在洗衣机的生命周期内也会产生固体废弃物（洗衣机的包装、报废的洗衣机，当然还有人们不翼而飞的袜子）。多数对环境的影响是在其使用期间产生的（图 9.4）。大多数的固体废物的影响来自两个阶段：①洗衣机包装的去除和处理；②报废洗衣机的处理。这些阶段产生的固体废物的确多于其他类型的废物，但请注意，其他废物总量不超过洗衣机固体废物总量的 15％。如果这足够让你惊讶，一份详细的 LCA 将揭示

119

在机器使用中被弃置的洗涤剂包装及其他消耗品。这说明我们必须谨慎地考虑使用过程中的各个方面，并拓展"系统边界"，将洗衣机在使用过程中的这一问题包含在内。

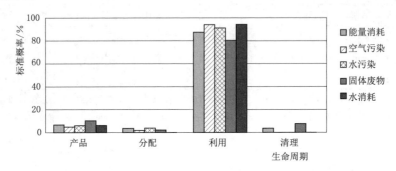

图 9.4　环境影响图

注：选自 Kadamus. C《生态设计或漂绿（*Eco - Design or Greenwashing*）》〔Cambridge，England：剑桥咨询公司（Cambridge Consulting），2009 年〕。

9.9.1　LCA 的基础

让我们重申 LCA 的定义，这次采用 ISO 14040 的输入。

LCA 是一种用于评估环境因素和产品潜在影响的技术，它是通过以下方式进行的：

- 编制产品系统相关的输入和输出清单；
- 评估与这些输入和输出相关的潜在环境影响；
- 解释清单分析和影响评估的结果，逐步与研究目标建立联系。

LCA 对环境因素和潜在影响的研究贯穿产品整个生命周期（即从摇篮到坟墓），从原材料的获取到生产、使用和处理。一般需考虑的环境影响类别包括资源利用、人体健康和生态结果。

ISO 14040

LCA 本身就是一个项目，同样应该进行管理。LCA 项目管理步骤如下：

（1）目标定义和范围界定：定义和描述产品、过程或活动。确定评估内容，并确定评估要审查的边界和环境影响。

（2）清单分析：识别和量化能源、水、材料的使用和环境排放物（例如，废气排放、固体排放、废水排放）。

（3）影响评估：评估潜在的人力、能源生态效应、水、材料使用以及清单分析中已确定的环境排放物。

（4）解读：评价清单分析和影响评估的结果，清楚地理解生成结果时采用的不确定性条件和假设，如此便能更好选择首选产品、过程或服务。

让我们了解一下这些步骤的具体细节。美国环境保护局的 LCAccess 网站上有大量与这个主题相关的信息，本书大部分内容也是基于这个网站上的信息所展开的。

9.9.2 目标的定义和范围

LCA 的目标是全过程（从摇篮到坟墓）审查整个系统的影响，评估项目对所有媒介的所有潜在影响。当系统被改变或在各种选择之间做抉择时，我们只有考虑整套问题，才能做出取舍。

LCA 有几种可能的用途，包括建立环境影响的基线并形成生态标识的基础，但找到改进机会是最主要的用途。将 LCA 的结果与其他信息结合可有助于作出决策，为实现可持续性提供基础，这是 Steven Covey 提出的"先有目标而后有行动"的哲学理念。你想从 LCA 中得到什么？以下内容选自美国环保署示例的结论，它可以帮助 LCA 项目定义目标和范围：

• 支持广泛的环境评估：理解特定的过程、产品或包装产生的相对环境负荷随时间不断变化；理解相同的产品采用不同的过程，使用不同的材料、分配时产生的相对环境负荷；以及比较具有相同用途的不同产品的环保因素时，LCA 的结果都是很有价值的。

• 建立基线信息流程：LCA 的一个关键应用是根据当前或预测的制造、使用、产品处理、产品分类等实践，建立整个系统的信息基线。在某些情况下，LCA 能够确立与产品或包装相关的某些过程的基线。该基准包括能源和资源需求、所分析产品或流程系统的环境负荷。基线信息对于初始化改进分析是有价值的，用于对基线系统进行特定的变更。

• 各个步骤或过程的相对贡献排序：LCA 结果提供了所研究的系统中每个步骤贡献的详细数据。这些数据说明了哪些步骤需要的能源或其他资源最多，或者哪些步骤产生的污染物最多，为做出改变指明了方向。这项应用与国际行业研究尤为相关，它有助于人们在防治污染、节约资源和废物最少化等方面作出决策。

• 确定数据差异：特定系统的 LCA 绩效揭示了哪些领域特定过程的数据缺乏、质量不确定或有问题。编制清单，然后进行影响评估，有助于确定两个阶段都适合增加数据的领域。

• 支持公共政策：对于公共政策的制定者来说，在改进法规或制定政策的过程中，LCA 有助于扩大环境问题的范围。

• 支持产品认证：产品认证关注的标准往往相对较少。只有使用适当的影响评估，LCA 才能提供产品许多属性单独、联合影响的信息。

　　• 为决策者提供信息和指导：LCA 有助于工业界、政府和消费者了解如何在不同的工艺、产品和材料之间做选择。这些数据能够为业界在生产材料和生产工艺方面做决策时指明方向，也使公众对环境问题和消费选择更加知情。

　　• 指导产品和工艺开发：LCA 有助于指导厂商开发新产品和新工艺。

　　如同任何项目，重要的是要明确这些或其他目标和结果中的哪一个因素将决定成功。

　　从摇篮到（工厂）大门的边界，不包括产品制造的下游活动，一直被称为 LCA。

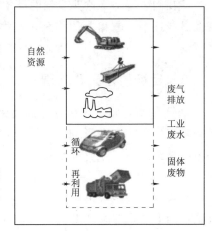

图 9.5　从摇篮到大门的边界

这种从摇篮到大门的研究以产品制造完成为边界（图 9.5），但声明必须与研究内容相关而不是夸大事实。这样的研究有助于完善产品供应链，但可能忽略产品生命周期末期的重要影响。

9.9.3　清单分析

　　下一步是清单分析，或 LCI（生命周期清单），环保局将之定义为整个生命周期中产品、过程或活动所需的能源和原材料、大气排放、水体排放、固体废弃物和其他排放物的量化过程。

9.9.3.1　LCI 的步骤：

　　1）制定被评估过程的流程图。

　　2）制定数据收集计划。

　　3）收集数据。

　　4）评估和报告结果。

9.9.3.2　LCI 来自各种数据源：

　　1）国家 LCI 数据库和 Ecoinvent 的数据库。

　　2）控股公司的调查数据。

　　3）实验室和大学发表的研究数据。

　　4）公共数据库，例如，美国环保局的有毒物质排放清单（TRI）和 E-网格。

　　5）新产品的预估数据。

122

6）LCA 从业者（如 SimaPro 和 GaBi）的数据库。

利用公共或私有数据库所提供的数据大大简化了清单分析过程。但缺点是数据收集和建模缺乏透明度。

9.9.4 条形流程图

在没有探讨细节的情况下，为了展示这个过程是如何给人启发的，我们以一块肥皂的制作流程图（图 9.6）为例（就是那种所谓的条形图）。

请注意这里探讨的是有关"肥皂"的广泛研究，比常规研究的范围更广泛，如青储饲料的加工，谷物的收割，以及用于生产该皂所需牛脂的家畜的干草的处理，还有生产皂的包装纸的纸浆的树苗。

9.9.5 肥皂的生命周期

肥皂看起来微不足道，它能有什么影响呢？它是可以有很多影响的。

9.9.5.1 肥皂本身

（1）肥皂油脂：来源于动物的脂肪（农场经营，玉米和大豆的生产、加工、运输，肉类加工，提取等）。

（2）碱液：通常通过盐的电化学处理获得碱液（氢氧化钠、烧碱、电）。

（3）香水和一些来自石油和其他原料的化学物质。

（4）能源：使全球变暖的气体、区域污染的影响。

（5）水：使用和污染。

9.9.5.2 包装

（1）纸张和纸板：树木采伐作业、破碎、航运；造纸专用黏土、水、能量和化学品（氯）。

（2）塑料膜：石油、能源、水和添加剂。

（3）油漆和油墨：石油、染料、颜料、油墨。

9.9.5.3 运输

（1）采矿、加工、制造、维护、用于制造和使用卡车的装备。

（2）消费者的汽车往返商店。

（3）消费者用水。

9.9.5.4 处理

大部分的肥皂最终变成污水。纸、塑料和其他废弃物最终被丢弃在垃圾填埋场；有些可能会被回收。

这些影响是由卫生福利及延长服装或其他产品的寿命来作为补偿的。但我

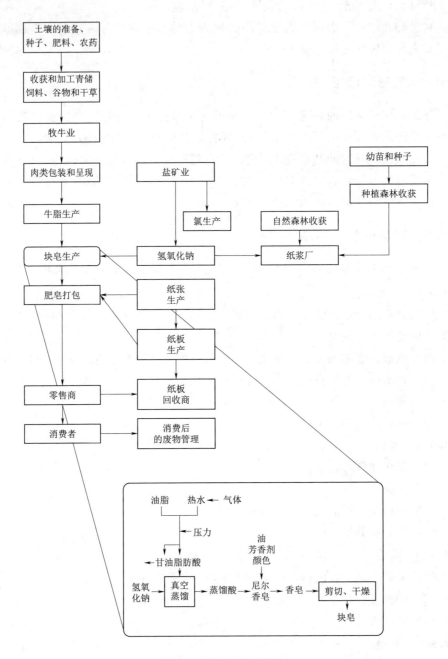

图 9.6 肥皂制作流程图

注：能源获取和发电在这张图上没有显示，尽管它们是许多过程的输入。

124

们的目标始终应该是最大限度地降低成本的同时提高产品使用效益。

9.9.6 影响评估

影响评估是与生命周期评价联系最密切的阶段，同时也是项目的核心。但是如果没有前面的工作，这个项目的考虑就不会周全。就像不考虑目标和时间进度而直接运用横道图一样。

美国环境保护局（EPA）将此阶段定义如下：影响评估"是对人类健康和环境潜在影响（包括环境资源和 LCI 确定的排放物）的评估"。影响评估应该解决生态和人类健康的影响问题；还应该解决资源枯竭问题。生命周期影响评价（LCIA）不同于传统或经典的风险评估。风险评估和 EPA 的逻辑关系就像面包和黄油的关系，风险评估是一种完备的评估污染物和特定场地对人类健康和环境风险的方法。

虽然风险评估建模处于基础水平，但是 LCIA 影响建模的综合水平较高。例如，排放 24200 磅 CO_2 和 6.26 磅 CH_4 的模型如下：

CO_2 GWP（全球变暖潜势）影响因子＝1

CH_4 GWP 影响因子＝21（即 CH_4 对地球变暖的影响程度是 CO_2 的 21 倍还多）

CO_2 GWP＝24200lb×0.454kg/lb×1＝10900kg CO_2 - eq

CH_4 GWP＝6.26lb×0.454kg/lb×23＝65.4kg CO_2 - eq

如果 GWP 的影响因素只有 CO_2 和 CH_4，那么总的 GWP＝10965CO_2 - eq

这种类型的计算适用于每种影响类别，运用于每一个生命周期阶段以及整个生命周期的建模。

根据 EPA，LCI 的步骤如下：

（1）影响类别的选择和定义：确定相关环境影响类别（如全球变暖、酸化、陆地毒性），相关内容见表 9.3 所示。

表 9.3　　　　　　　　常用生命周期影响类别

影响分类	范围	LCI 数据例子（分类）	常见可能特征因素	特征因素描述
全球变暖	全球	CO_2 NO_2 CH_4 CFCs HCFCs 哈龙 CH_3Br	潜在的全球变暖	LCI 数据转化成 CO_2 等价物 注：全球变暖可能性的分类有 50 年、100 年、500 年

续表

影响分类	范围	LCI 数据例子（分类）	常见可能特征因素	特征因素描述
平流层臭氧损耗	全球	CFCs HCFCs 哈龙 CH_3Br	潜在的臭氧减少	LCI 数据转换成二氯氟甲烷（CFC-11）等价物
酸化	局部区域	SOx NOx HCL HF 硝酸盐 NH_4	酸化的可能性	LCI 数据转换成氢离子等价物
过度营养化	当地	PO_4 NO NO_2 硝酸盐 NH_4	过度营养化的可能性	LCI 数据转换成 PO_4 等价物
光化学烟雾	当地	HMHC	光化学氧化剂的形成可能	LCI 数据转换成 C_2H_6 的等价物
土壤毒性	当地	有毒化学物质达到啮齿动物的致死浓度	LC_{50}	LC_{50} 数据转换成等价物；使用多媒体建模；曝光途径
水体毒性	当地	有毒化学物质达到鱼的致死浓度	LC_{50}	LC_{50} 数据转换到等价物使用多媒体建模；曝光途径
人类健康	全球局部当地	对空气、水、土壤的总排放物	LC_{50}	LC_{50} 数据转换到等价物；使用多媒体建模；曝光途径
资源减少	全球局部当地	已用矿物质的量 已用化石燃料的量	资源减少	LCI 数据转换成 PO_4 等价物
土地消耗	全球局部当地	垃圾填埋所用土地的量和土地改造的量	可用土地	基于估计密度将固体垃圾的质量转化成体积
水资源消耗	局部当地	已消耗的水资源的量	水资源短缺的可能性	将 LCI 数据转换为所用水量和储备资源量之比

（2）分类：将 LCI 结果划分到相应的影响类别中（例如，将 CO_2 排放归类为全球变暖）。

（3）特性描述：利用基于科学的转换因子在影响类别内对 LCI 影响建模（例如，模拟 CO_2 和 CH_4 对全球变暖的潜在影响）。

（4）标准化：用比较的方式表达潜在的影响（如比较 CO_2 和 CH_4 对全球变

暖的影响)。

(5) 分组：将指标分类或排序（如依照位置给指标分类：本地、局部和全球）。

(6) 权重：强调最重要的潜在影响。

(7) 评估和报告 LCIA 结果，更好地理解 LCIA 结果的可靠性。

9.9.7 解释

现在是时候仔细地对信息进行研究和分类，并将它仔细地转换成知识和智慧了。试图将指标值分解转换成单一的得分时必须非常谨慎。例如，就像图 9.7 所示，不能简单地将日期与海拔和人口相加的总数作为 Hillsville 属性的得分。你会得到一个数字，但它没有用处和意义。这就是为什么我们强调"仔细"。

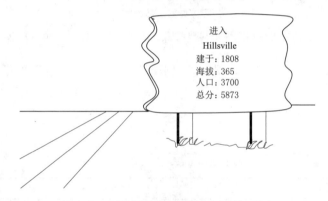

图 9.7 欢迎来到希尔斯维尔（Hillsville）

将影响评估的结果转变为最终决策需要额外注意的事项如下：

(1) 标准化（评估有关影响的效力）。

(2) 评估（基于一组数值应用每个影响的重要性）。

(3) 不确定性管理（反映出数据的变化）。

其结果只适用于那些应用加权方案的决策者。

图 9.8 是 LCA 过程的一个专业版本，重点在于解释部分。解释的步骤是：

(1) 基于 LCI 和 LCIA 识别重大问题。

(2) 评估，考虑完整性、敏感性和一致性检查。

(3) 结论、建议和报告。

第一步非常简单，强调前面的 LCA 项目阶段发现的主要问题。第二步"反映" LCA 的工作和信息。这样做是为了分析完全透明和识别分析中可能不一致的地方。它应该包括以下的检查内容：①完整性检查：检查研究的完整性。②灵敏度检查：评价显著影响结果重要数据元素的敏感性。③一致性检查：评

127

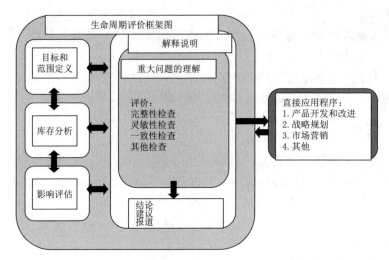

图 9.8　生命周期评价框架图——根据 ISO 14040:2006 改编

估用于设置系统边界、收集数据、做出假设和为每个备选方案的影响类别分配数据的一致性。表 9.4 中提供了可能不一致的内容的清单。第三步包括结论、建议和报告。这里重点是公正、清晰地交流 LCA 的结论。

表 9.4　　　　　清单类别和可能不一致的内容示例

类　别	不一致的内容示例
数据来源	选项 A 基于文献,选项 B 基于已测定的数据
数据准确性	选项 A,使用详细的工艺流程图去开发 LCI 数据。对选项 B,有用的过程信息是有限的,并且 LCI 数据是针对未详细描述或分析的过程而开发的
数据时间	选项 A 是 80 年代的原材料的制造数据,选项 B 是使用才研究 1 年的数据
技术来源	选项 A 是小型实验室模型,选项 B 是规模齐全的产品生产工厂
时效性	选项 A 的数据描述的是最近的技术,选项 B 是混合的技术,包括新旧工厂
区域代表性	选项 A 的数据基于欧洲环境标准,选项 B 基于美国标准
系统边界,假设和模型	选项 A 采用 50 年的全球变暖潜势模型,选项 B 采用 100 年的全球变暖潜势模型

根据得出的结论,美国环境保护署会这样说:

有几点应该注意。只根据事实得出结论和提出建议是重要的。理解和传达结论中存在的不确定性和局限性与最终建议同样重要。在某些情况下,由于用于开展 LCA 的方法,或者良好数据的获取、时间或资源存在潜在的不确定性和局限性,因此可能不清楚哪个产品或过程更好。在这种情况下,LCA 的结果仍然是有价值的。它们可以用来帮助决策者了解人类健康和环境利弊，理解它们各自的重要影响和它们发生的地域（当地的、区域的、全球的），以及将各种影响类型的相对量与研究中所提出来的备选方案作比较[6]。

关于提出建议和报告，以下建议来自于 EPA 和 ISO。

LCAs 技术可以产生不同的结果，即使研究的似乎是相同产品。造成差异的因素可能有很多，包括：①不同的目标语句；②不同的功能单元；③不同的边界；④模型数据采用不同的假设。

由于这些可能的变量，在结果报道中保持研究过程的透明度是一个关键的元素。

9.9.8 结果报告

既然 LCA 已经完成，就必须将这些材料汇编成一份全面的报告，清晰、有条理地记录这项研究。这将有助于公正、完整、准确地将评估结果传达给对结果感兴趣的人。该报告提出了足够详细的结果、数据、方法、假设和限制，让读者理解 LCA 研究的复杂性和其内在的平衡。

如果结果将被提供给没有参与 LCA 研究的人员（例如第三方利益相关者），本报告将作为参考文件提供给他们，并且要防止他们对结果产生任何曲解。

参考文档应包含以下元素：

1. 管理信息

（1）LCA 参与者的名字和地址（参与指导 LCA 研究的人）。

（2）报告日期。

（3）其他联系信息或发布信息。

2. 目标和范围的定义

3. 生命周期清单分析（数据收集和计算过程）

4. 生命周期影响评价（进行影响评估的方法和结果）

5. 生命周期解释

（1）结果。

（2）假设和局限性。

（3）数据质量评估。

6. 严格的审查（内部和外部）

（1）审查者的名字和所属机构。

（2）严格的审查报告。

（3）应对建议。

注意"严格的审查"，这是报告的重要组成部分。它从组织内外部同行的多种视角提出意见,有利于确保分析的公平性和完整性。

9.10 LCA 软件工具

许多商业软件项目和顾问可用于 LCA 的实施。两种最常用的 LCA 工具是 SimaPro 和 GaBi(见第 14 章)。这些资源几乎都能提供生命周期清单,对这些软件的使用稍加练习,就可以使 LCA 变成一个相当简单的过程。缺点就是数据建模的过程是不透明的,所以用户必须信任建模者。这一点也导致当使用不同的数据源时,系统比较存在问题,因为要确定应用哪些假设并不容易。不过,这些 LCA 工具还是很受欢迎的,特别是受到研究生的欢迎,而且这些公司正忙于满足用户对产品的需求。

9.10.1 执行 LCA 的局限性

(1)LCA 非常耗费资源和时间,执行的 LCA 越多,需要的数据越多,但收集可靠清单数据仍然很困难;

(2)生命周期影响评价模型各不相同;

(3)需要额外的影响数据,尤其是新的领域的数据,例如纳米技术;

(4)将影响结果转换成得分是一个要求价值判断的主观过程,这个过程不能完全基于自然科学;

(5)LCA 研究应该作为更全面的决策过程的一个组成部分,用于权衡成本和业绩;

(6)整个研究过程的所有假设或决策必须被公示,否则,最终结果可能会被断章取义或误解。

9.10.2 保持透明度

在报告 LCA 研究结果时,保持报告的透明度非常重要。这是必要的,因为这不是一个单一的、规定的过程。相反,它涉及多个决策点,极大地影响 LCI 和 LCIA 的结果。虽然最好就方法达成一致意见,从而减少或消除实践的变化。但在这个时候,最好的办法是保持透明度并充分说明文档数据是如何计算的。这样,即使他人可能不赞同这种方法,但至少他清楚结果是怎么得到的。

大多数项目经理本质上都是怀疑论者。这并不是说我们不相信我们所做的。这是因为我们要对项目负责,我们需要反复检查。表 9.4 说明数据可能存在一些潜在的问题,不仅仅是 LCI 数据如此,因为稍作改变,它可以用于任何数据的评估。

注意：参阅第 14 章可进一步了解与生命周期评估有关的内容。此外，作者还要感谢美国环境保护局生命周期研究项目的项目经理 Mary Ann Curran。她与我们合作完成本章的内容，为其中的重要部分做出了贡献。

参 考 文 献

［1］ Harry Mulisch, *Discovery of Heaven*, reprinted ed. （New York：Penguin, 1997）.

［2］ William McDonough and Michael Braungart, *Cradle to Cradle：Remaking the Way We Make Things*. （San Francisco：North Point Press, 2002）.

［3］ Richard MacLean, 2009.

［4］ P. Frankl and F. Rubik, *Life－Cycle Assessment （LCA） in Business, An Overview on Drivers, Applications, Issues and Future Perspectives*, Global Nest：the International Journal. 1 （3）：189. 1999.

［5］ H. Baumann and A.－M. Tillman, *The Hitch Hiker's Guide to LCA：An Orientation in Life Cycle Assessment Methodology and Application* （Lund, Sweden：Studentlitteratu-rAB, 2004）.

［6］ U. S. Environmental Protection Agency, LCA 101, Chapter 5, p. 58, online document.

第 10 章　精益思想、浪费和 4L 方法

10.1　精益思想和项目

本节的首要原则是将精益思想可以应用于项目本身以及融入项目的产品规划中。项目经理不仅是项目的负责人而且是项目的长期效益的法定代理人（项目的产品经营）。换句话说，作为项目经理，你可以对组织及组织之外的人，甚至对下一代，产生持久的影响。

约束理论是精益思想的重要概念之一，项目经理对它并不陌生，因为它早已应用于关键链项目管理。约束理论也是敏捷法（Agile）的核心，如软件开发中应用的敏捷法（Scrum、XP、DSDM）。

作为项目经理，我们知道如何运用关键链，并通过资源约束修正关键线路，从而得到关键链项目计划。关键线路基于任务依赖性，关键链则是基于考虑资源依赖性时得到的额外（重要）信息。关键链法（正如艾利·高德拉特在著作《目标》[1]中描述的缓慢的徒步者 Herbie）使我们能够识别瓶颈或受限资源。

对于那些不熟悉《目标》这本书的人，这里是关于这本书那一部分内容的总结：

这本书的主人公 Alex Rogo 带着他儿子和他儿子的童子军徒步旅行。速度最慢的徒步者 Herbie 一直落后于其他徒步者，整个队伍越来越长，因为领队的人（根据定义）走得非常快。速度最快的徒步者通常和他们前面的徒步者之间没有间距。Rogo 意识到即使速度最快的徒步者减慢速度或停下来（喘口气，吃零食，或者系鞋带），他们也能赶上他们前面的孩子，因为他们的平均速度比那些孩子快。然而，如果一个速度比他前面的徒步者慢的童子军停下来，他与前面的徒步者之间的间距不会恢复到原来的距离，整个徒步者的队伍会更长。Herbie 正在减慢整个团体的速度，因为 Rogo（作为负责任的成年人）必须让所有的孩子在视线范围内，所以要叫队伍前面的人等一下。Rogo 灵机一动，将 Herbie 放了队伍前面，这解决了集中队伍的问题，因为每个人都不得不像 Herbie 一样慢慢地走。但他并没有止步于此。为了提高团队的速度，他将

Herbie 背包里携带的东西（罐装苏打水，可折叠钢锹，一罐泡菜）重新分配到速度最快的徒步者的背包（以及他自己的包）中。负担减少使 Herbie 走得更快。Rogo 意识到这是一个徒步者系统，一起徒步旅行，任何一位徒步者的速度取决于他前面的徒步者的速度。他进一步认识到速度的变化符合统计量波动，并且 Herbie 是这个系统的约束。他已经减慢了最快的徒步者的速度，并且这在直觉上似乎是错误的。然而，该队伍正在以最快的集体速度前进，因为这是它能够达到的最快的速度。所以，即使每位徒步者的速度不是他们个人的最快速度，但基于约束条件，队伍整体的速度是最高效的，因此系统正在以它可能的最高速度运行[2]。

在关键链项目管理中，每个单独的任务并没有单独的安全缓冲区，为了实现整个团队的目标，我们为整个项目设置缓冲区。进展是由使用（或不使用）缓冲区来衡量的。

让我们将这些转化为行动。

下面内容是有关约束理论的"五个重点步骤"。

10.1.1　确定系统的约束条件

什么使事情慢下来？瓶颈在哪里？这里有一些条件，帮助我们确定受限的资源：

（1）资源超载。

（2）工作积累的资源。

（3）被调查的资源链的末端有时是闲置的。

10.1.2　决定如何利用系统的约束，确保约束总是发挥作用

不要因为缺乏资源而让约束闲置。这可以通过为约束设置一个（小的）"补给"缓冲区实现。基于约束，资源的责任是确保这个缓冲区总是有"刚好足够"的工作。确保约束只用在提高生产力的任务上。减少一切来自于约束的不必要的，非生产性的工作。

10.1.3　使其他因素都满足步骤 10.1.2 中的约束条件

因为约束能防止我们偏离目标，我们应用的所有资源都可能突破这些约束条件。以下是一些满足约束条件的例子：

（1）为资源设置约束条件之前，可以分配一些额外的时间去检查工作进程，以便约束条件不会对有缺陷的材料起作用。

（2）资源约束后，应该利用它们的松弛时间，确保约束输出不会造成浪费。

记住，根据定义约束浪费输出意味着浪费整个系统的生产力。

（3）无约束的资源可以承担一些约束的工作或者选择性地提供援助，使约束专注于生产力——创造性工作。

10.1.4　提升系统的约束条件

如果我们继续努力打破约束（也称为提升约束），在某种程度上约束将不再是一个限制。我们已经打破了约束条件。提高系统的约束的方法是：

（1）改进系统工具，使资源更快、更准确地工作。

（2）提高培训、指导、咨询和人力资源的团体建设。

（3）仔细地、有选择性地添加新资源。

10.1.5　如果约束条件被破坏，请返回到步骤 10.1.1

当这种情况发生时，系统中其他地方将会有另一个约束限制目标的发展。不要让"惯性"变成另一个约束。当你解决了最糟糕的问题，另一个糟糕的问题就会接踵而至，并成为你要解决的下一个大事件。关键在于这是一个持续的过程。

10.2　精益方法

组织可以运用各种各样的精益方法使自身变得更精益。

10.2.1　精益是什么？

以下是 James Womack[3] 的观点：

核心思想是使客户价值最大化的同时尽量减少浪费。简单地说，精益意味着用更少的资源为客户创造更多的价值。

一个精益组织了解顾客价值，并关注关键进程以不断增加其客户价值。其最终目标是通过"零浪费"的完美价值创造过程为客户提供最大的价值。

为实现这一目标，精益思想将管理的重点从优化独立技术、资产和纵向部门的方式转变为通过横跨技术、资产、部门、客户的整个价值流来优化产品和服务的流程。

与传统业务系统相比，消除整个价值流中的浪费，而不是孤立点的浪费，创建更节省人力，更节省空间，更节约资本和时间的流程，以更低的成本制造缺陷更少的产品和提供服务。公司能够通过多样化、高质量、低成本、快速生产来满足顾客不断变化的需求。同时，信息管理变得更简单、更准确。

总之，像约束理论一样，精益思想[4]包含连续价值流、客户定义的价值、客户从供应商那里获得的价值、为寻找完美所做的一切。

精益思想案例研究（"项目"之外的精益思想案例）

一家我们熟悉的公司使用世界上最先进的技术生产红外光学元件，包括：球面、非球面和衍射光学元件、镜子、金属光学元件和窗户。这些产品用于光电系统、军事、国土安全、商业和工业应用程序，从夜视设备到工业金属加工。对这些光学元件的需求正在不断增加，公司希望尽快提高其生产能力。如你所知，建立新的生产线或改建生产线就是一个项目。生产线的持续运作是一项操作。当主要生产设备到达时，就被安装在那时可利用的最方便的地方。机器本身的位置不被视为原始项目的一部分，然后交付使用，开始操作。那时，团队正在考虑应用精益思想来修改他们的生产流程。精益思想设计要求重新安置设备以减少浪费、提高效率和生产力。如果项目交付时预先考虑到这一点，那么至少一年前就可实现节约。

该案例有助于说明把项目团队思想和产品交付后的长期运作结合在一起的重要性，在这个例子中，即生产线。

10.2.2　浪费

浪费是指什么？消除浪费的重要性是丰田生产系统（TPS）的一部分，已被普及，识别"七大浪费"也被普及。Muda 在日语中表示浪费——有时你会发现这样的信息，即"七种 Muda"。

一般来说，就是以下七种浪费。

（1）过量生产的浪费：简单地说，过量生产意味着生产的产品比该流程实际需要的多。过量生产对一个流程来说成本是非常高昂的，因为它阻碍材料或服务平稳流动，并会降低质量和生产率。这就是为什么丰田生产系统被称为"及时生产"（JIT）的原因，因为每一件产品都是按照需要制造的。过量生产有时被称为"有备无患"。在"以防万一"基础上工作会导致交货期不必要地延长，从而导致不必要的存储成本，使检测缺陷的过程更加困难。找出过量生产"隐藏"在哪里的方法之一是停止系统供应，然后查看库存积压的位置。

（2）等待的浪费：如果货物不移动或不被系统处理，则会发生等待的浪费。令人惊讶的是，对于传统囤积制造业，花费了大量时间等待产品以某种方式被处理。等待可能是由于材料流动不良、生产运行时间过长、或者操作间距过长等因素造成的。解决方案是把这些流程连接在一起（基于戈德拉特博士的理论），以便一个流程紧接着一个流程。

（3）搬运的浪费：加工过程中移动产品需要成本，但并不会增加操作的价值。过多的移动和处理可能导致质量的破坏或损坏。这可能很难避免，但是筹划产品和操作流程能使这种情况更容易被发现。

（4）加工的浪费：在某些情况下，系统会使用昂贵的或不必要的高精度设备，但是使用简单的设备或操作就可以满足要求。在某些情况下，投入更少的投资，采用更灵活的设备或操作，或创建制造单元和组合步骤可以减少加工的浪费。

（5）库存的浪费：存货过多——这使我们感到安全——往往是系统隐藏的问题。应该识别并解决这些问题，以提高操作性能。如前所述，"在产品"（WIP）（即为工作中心提供原材料、完成产品、半成品的存储货位）的直接结果是过量生产和等待。它会占用地面空间，并通过"麻木"系统的真正问题来干扰良好的沟通。

（6）动作的浪费：传统的工业工程师熟悉这种形式的浪费。这种浪费与人机界面有关，弯曲、起重、拉伸、伸出、移动这些动作形成了这种浪费。应该通过分析和重新设计对动作过多的操作进行改进——这些应由系统人员完成，达到提高效率、获得认同的目的。

（7）不良品的浪费：不良品使组织产生高成本，这对底价有直接的影响。作为项目经理，当我们学习质量成本时，我们了解到返工或报废，客户流失，甚至法律诉讼都需要成本。当然，可以通过员工的参与，以及持续改进流程（改善）减少许多设施的缺陷。

10.2.3 一种新的浪费？

在探索问题的解决方案的过程中，又增加了一种新的浪费。例如，目前的精益思想认为员工的利用率不足是第八种浪费。这种浪费是指没有有效利用员工的创造力——并提出，如果公司能够更好地利用员工，就能更有效地消除其他七种浪费。

这些浪费主要体现在制造业。软件开发行业是否存在浪费呢？Mary Poppendieck 接下来会为我们讲解。

10.2.3.1 精益发展的基本原则[5]

（1）只增加价值（消除浪费）。

（2）以增值的人为中心。

（3）基于需求的价值流（延迟承诺）。

（4）跨组织优化。

10.2.3.2 软件开发的七种浪费

（1）过量生产＝额外功能。

（2）库存＝需求。

（3）额外的处理步骤＝额外的步骤。

（4）动作＝寻找信息。

（5）不良品＝未测出的缺陷。

（6）等待＝等待，包括客户。

（7）搬运＝交接。

我们如何处理软件开发中的浪费？Agile 方法（例如极限编程）可处理这些浪费，如表 10.1[6] 所示。

表 10.1　　　　　　　　　　软 件 开 发 中 的 浪 费

软件开发中的浪费	极限编程方法如何处理浪费
额外的功能	只针对当前描述进行处理
需求	描述卡片只详细介绍当前迭代
额外的步骤	根据描述直接编码：得到客户的直接口头说明
发现信息	大家都在同一个房间里，包括客户
未测出的缺陷	测试，包括开发人员测试和客户测试
等待，包括顾客	以更小的增量交付
交接	开发人员直接与客户合作

注　改编自 Mary Poppendieck，精益思想原理。已经获得许可。

服务部门怎么样呢？美国环保署已经了解了七种浪费并列出了清单，如表 10.2 所示，清单显示了制造业和服务部门的情况。

表 10.2　　　　　　　　　制造业和服务部门浪费

浪费类型	制造业浪费	服务部门浪费
不良品	废品、返工、更换生产、重新检验	订单输入、设计、工程错误
等待	缺货，批次处理延迟，设备停机时间，容量瓶颈问题	系统停机时间，响应时间，批准
过量生产	生产了产品，却没有订单	过早打印文件、过早采购物品、过早处理文件
搬运	长距离搬运在产品，在现场与存储设备之间往返	步行距离之外设置多个场点，厂外培训
库存	过多的原材料，在产品，或未完成的产品	办公用品、销售资料和报告等
复杂性	为了满足客户需求而产生的不必要的零件、流程步骤或时间	回收的数据，额外副本，过多报告等
未使用的创造力	失去的时间，想法，技能，改进和员工的建议	员工可使用有限的工具或权限来执行基本任务

注　由美国环保署提供。

表 10.3 列出了许多从美国环境保护署的清单中总结的方法和工具。请记住，这些通常适用于项目产品稳定运营阶段。但是为了项目中的直接环境影响和收益，你仍然应该考虑将它们应用于项目中，并且需要了解这些内容，以便在特定情况发生时，能够更好地将这些内容与操作联系在一起。

表 10.3　　　　　　　　　　　精 益 的 环 境 效 益

精益方法	潜 在 的 环 境 效 益
改善迅速发展的事件	持续改善理念的重点是消除浪费 发现并消除隐藏的浪费和产生浪费的活动 不通过大量投资而产生快速、持续的结果
5S 或 6S 管理	当窗户是干净的、设备被涂上浅色时，光照和能源需求减少 迅速发现溢出和泄露 通过明显标记和无障碍通道减少事故和泄露的可能性 减少产品污染，从而减少不良品（可以减少能源和资源的需求，避免浪费） 减少运营存储所需空间；潜在的能源需求下降 当设备、部件和材料安排有序时，减少了不必要的材料和化学物质的消耗，减少了过期化学物质的处理 增加对废料处理和管理程序、工作场所危害及应急反应程序了解的视觉线索
单元式制造	消除过量生产，从而减少废物，减少能源和原材料的使用 加工和产品转换的缺陷更少，这可以减少能源和资源的需求、避免浪费 更早地发现缺陷、防止浪费 适当调整设备的规模，减少原材料和能源的使用（每生产单位） 减少空间需要；减少潜在的能源使用，减少新设施建设的需求 更关注设备维护，污染预防
及时生产/看板方法	消除过量生产，从而减少浪费、减少能源和原材料的使用 减少进程内和后处理存储需要，避免了产品损坏、破坏或退化造成的潜在的浪费 库存周转次数频繁，可以不使用脱脂金属零件 减少需要的空间；减少潜在的能源使用，减少新设施建设的需求 可以促进工人主导的流程的改进 减少过多的存货，从而减少与运输和重组未出售的存货相关的能源使用
全面生产维护（TPM）	减少不良品，从而减少了所需的能源和资源，避免浪费 延长设备寿命，这减少了设备更换，降低了对环境的影响（能源、原材料等） 溢出、泄露、失常等工况减少，严重程度降低，固体和有害废物减少
六西格玛管理	不良品更少，这减少了所需的能源和资源，避免了浪费 注意减少导致事故、泄露和故障的条件，从而减少固体和危险废物 可以提高产品的耐用性和可靠性，延长产品使用寿命，从而减少满足客户需求的环境影响

精益方法	潜在的环境效益
生产前计划（3P）	消除在产品和工艺设计阶段的浪费，类似于"环境设计"方法 使用自然（本质上无浪费）作为设计模型 设备尺寸合适，生产所需的材料和能源减少 降低生产过程的复杂性（"设计的可制造性"），可减少或简化流程步骤；针对环境敏感性的流程消除，因为它们往往具有时间、资源和资本密集型特点 产品设计的复杂度低，使用的零件更少，使用的材料的类型更少，拆卸和回收的便利性提高
精益企业供应商网络	通过网络放大精益生产的环境效益（通过减少不良品、减少废弃、减少能源使用等减少浪费） 通过向现有的供应商介绍精益思想，从而更广泛地实现环境效益 而不是寻找新的精益供应商

注 由美国环保署提供。

浪费案例研究（英国可乐罐生产中的浪费）

首先，请注意饮料罐比饮料贵。以下是向您提供饮料的过程中发生的事情：

（1）在澳大利亚开采铝土矿。

（2）用卡车将铝土矿运往化学还原工厂；每吨铝土矿转化为半吨氧化铝。

（3）通过矿砂船将氧化铝运往斯堪的纳维亚（那里有廉价的水力发电）。

（4）斯堪的纳维亚的一家冶炼厂把每吨氧化铝转化为 1/4 吨铝锭。

（5）铝锭被运往德国，加热到 $900°F$，轧制成 1/8 英寸厚的铝板。

（6）铝板被运送到另一个工厂（在德国或其他国家），并被冷轧成原始厚度的 1/10。

（7）将这样的铝板送到英国，在那里板片被穿孔，卷成罐。

（8）罐被清洗，晒干，涂上底漆。

（9）罐被涂上特定的产品品牌和标签。

（10）罐被喷漆，打磨，在内部喷上保护性漆，并检查。

（11）将罐用托盘装起来，用铲车放入仓库，直到它们被需要。

（12）当需要用罐的时候，将它们运往灌装厂，清洗干净，最后装满饮料（如混合糖浆、水、二氧化碳、磷和咖啡因）。

（13）用拉环将装满的罐密封，放入硬纸板箱，配上适当颜色和促销标签。

（14）再次用托盘将纸箱运往地区仓库，然后运到超市。

（15）通常饮料在三天内卖出，饮料在几分钟内被消耗掉，饮料罐在大约一秒内被丢弃。

这些纸箱由森林纸浆制成，树木的原产地可能是瑞典或西伯利亚的任何地方，也可能是不列颠哥伦比亚古老的原始森林，那里是灰熊、狼獾、水獭、鹰的家乡。法国的甜菜提供糖分，经过了的货车运输、碾磨、精炼和船运等流程。磷来自于美国爱达荷州，它是从深开挖的矿井中挖掘出来的——这一过程也挖掘镉和放射性元素钍。为了生产食品级的磷，爱达荷州的矿业公司 24 小时使用的电能相当于一个 10 万人口的城市相同时间的用电量。咖啡因从化学制造商那里通过轮船运到英国的糖浆制造商那儿。在英国，84％的易拉罐被消费者丢弃，若将生产损失考虑在内，这意味着铝废料总体比率为 88％。美国仍有五分之三的铝来自原矿石，其能源强度是回收铝的 20 倍，并且每三个月扔掉的铝的总量相当于整个商用飞机机队需要的铝的量。

我们意识到这是一个制造过程——也是一个运营过程，而不是一个项目——但是我们认为这说明如果项目经理在生产工艺的创新中能成为变革的原动力，或者，如果项目经理能在项目中树立榜样，组织中的运营策划人员能向他们学习，那么项目经理在减少浪费方面将有发言权。

10.2.4　5S 管理[7]

让我们看看其中一种精益方法，"5S"管理方法。这个方法实际上重点在于创建明亮、宽敞、干净的工作场所。例如，我们都知道如果我们的行为都是有效的，我们就能更高效地工作（而且浪费得更少），因为我们可以看到我们在做什么，知道所有工作的组成部分在哪里，不需要在文件堆里翻文件或其他东西。5S 方法起源于日本，使用这 5 个以"S"开头的词（以 S 开头的日文词语）：

Seiri→整理

Seiton→整顿

Seiso→清扫

Seiketsu→清洁

Shituke→素养

让我们看看一些细节（图 10.1）：

（1）整理：明确区分工作区域需要的组件和不需要的组件，清理杂物和不需要的物品。

（2）整顿：在工作区域合理摆放物品，并建立直观的使用指南，位置一目了然，每个人都知道在哪里。

（3）清扫：这实际上是指在工作场所的地板、工具、机器和设备的清洁度，并将清洁纳入日常工作职责。

（4）清洁：明确活动标准、过程、时间安排和负责保持工作场所清洁有序的人员。作为项目经理，我们熟悉这些工具，如工作分解计划、时间表和责任分配矩阵（RAM）。

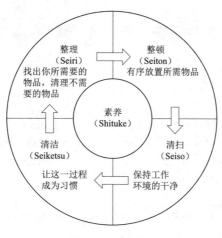

图 10.1　5S 方法

（5）素养：让 5S 成为一种根深蒂固的习惯，将它扩展到其他功能和物理区域，使其成为全公司范围内的常规。

5S 是许多组织喜欢的精益方法之一。表 10.3 也介绍了其他方法，我们强烈建议您了解您的组织如何更广泛地使用这些操作。

10.2.5　总结——4L 方法

为了结束本节内容，也为了整合这本书的其他部分，我们介绍 4L 方法。4L 方法（精益、学习、联系和持续）描述了这些与运营有关的问题如何真正地与项目、项目经理以及他的团队联系起来。

见图 10.2——这是不言而喻的。

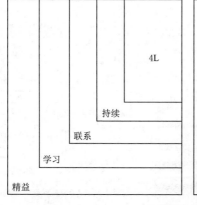

4L方法

精益——了解你的同行以及他们减少浪费和提高操作效率的努力，并将之应用于项目和产品。

学习——收集项目产品、学习经验，分享项目经理关于环保或可持续性的成果，有组织地发展。

联系——与组织的环境规划部门联系，打破组织的壁垒。

持续——作为项目经理，在这个项目或未来的项目中，不仅要考虑项目长期或持续性的影响，而且要考虑项目产品长期或持续性的影响。

图 10.2　4L 方法

参 考 文 献

［1］　Eliyahu M. Goldratt，*The Goal：A Process of Ongoing Improvement*（Great Barrington，MA：North River Press，1992）.

［2］　EliyahuM. Goldratt，*The Goal*.

［3］　James P. Womack，*What Is Lean?* Lean Enterprise Institute.

［4］　James P. Womack and Daniel T. Jones，*Lean Thinking：Banish Waste and Create Wealth in Your Corporation*（New York：Simon & Schuster，1996）.

［5］　Mary Poppendieck，*Principles of Lean Thinking*.

［6］　Ibid.

［7］　U. S. environmental Protection Agency，*Lean Manufacturing and the Environment*，2009.

第11章 各行业的佼佼者

哪些公司已经将"绿色度"纳入规划，并正为实现这个目标而努力呢？他们是怎样实现这些目标的？项目经理可以从组织和项目层面的业务中汲取哪些关于"绿色度"的经验？我们一直主张项目管理是企业管理的一个缩影，运行一个项目就像运营一家企业。管理业务的"企业领导人"和运行项目的项目经理都必须考虑使命、目标、预算以及其他的约束条件。项目可能很小，也可能花费数亿美元，又或介于两者之间。项目经理负有与大型企业领导人相同程度的责任，事实上，大型高成本项目的项目经理掌握的财政预算比许多国家还要多。两者的相似之处对我们来说都是重要和明显的。如前所述，我们一直认为项目管理是企业管理的一个缩影，借此更进一步，由于管理企业和运行项目有许多相似之处，所以项目管理可以很好地培养优秀的企业领导人。当我们注意到那些将绿色工作做得最好的企业典范时，我们会发现他们绝不会逾越人、利益、环境这三条底线中的任意一项。我们相信，我们所强调的公司是那些能成功地平衡员工、顾客和他们对环境的承诺与自身利益的公司。应该指出的是，在研究中，我们在许多公司中遇到了几十个优秀的企业项目，但是它们超出了本书的范围，并且对于读者来说，调查那些绿色项目的意义也并不大。再次强调项目管理是企业管理的缩影这个主张，在绿色企业领导人的领导下构建项目模型，项目经理将从绿色工作中得到最大的"回报"。

11.1 巴塔哥尼亚公司（Patagonia）

当我们想到绿色项目的管理公司时，首先映入脑海的是巴塔哥尼亚公司，它是位于加利福尼亚州文图拉市，年收入达 3.16 亿美元的私有公司。我们多年来一直穿着他们的"塑料"羊毛衫，但这肯定不是巴塔哥尼亚公司回收利用的所有产品，他们的宗旨是："打造最好的产品，避免不必要的伤害，利用商业来激发和实施解决环境危机的方案。"[1] 该宗旨只讲述了巴塔哥尼亚公司的部分故事。《自然之道》（*Natural Step*）[2] 的第四条准则指出：为了应对那些削弱人们满足自身需求能力的状况，公司需要消除导致这些状况的因素。例如，企业必须通过他们的社会责任经理来消除不安全的工作条件。巴塔哥尼亚公司的

Nicolle Bassett 就是这样做的。人们都知道在一个行业里会有一些不好的现象，例如：低工资，超长工作制，不安全的工作条件，甚至雇佣童工（"血汗工厂"这个词会浮现在脑海里吗?），目前巴塔哥尼亚公司已经掌握了主动权并制定了一套自己的规则。

公平劳动协会是一个致力于消灭世界各地的血汗工厂的非营利性组织，他们的宗旨是保护工人权利并改善工作条件。

20 世纪 90 年代后期，巴塔哥尼亚公司开始实施社会审计，由社会责任经理指导的第三方审计师审核巴塔哥尼亚公司国内外的生产设备，以确保该公司遵守公平劳动协会[3] 的协议。他们的行为准则要求其承包商遵守当地的法律，但即使当地法律允许，他们也不会和那些雇佣国际劳工组织认可的最低年龄 15 岁以下的童工的工厂合作。巴塔哥尼亚公司甚至尽可能地公布了这些工厂的名单，以便任何需要信息的机构、利益相关者或客户对其进行检查。

很明显，环保意识已经融入巴塔哥尼亚公司的 DNA 之中，就像它应该在项目经理的 DNA 中一样。巴塔哥尼亚公司使用的一些方法能够提高项目经理从环境的角度审视项目的能力。根据他们的网站，"我们对质量的定义包括建筑产品的委托管理和对环境造成的伤害最小的工作过程。我们评估原材料、投资创新技术，严格监管浪费并且使用一部分销售收入去支持那些致力于实现真正改变的团体。我们了解到我们最爱的野生世界正在消失，这就是为什么在这里工作的人们能够共同致力于保护原生态的土地和水域，我们相信使用商业手段能够促进环境危机的解决"[4]。无论是通过巴塔哥尼亚公司的零售商还是通过邮购程序，巴塔哥尼亚公司都有一个对旧衣服进行主动回收的程序。巴塔哥尼亚公司是自然保护联盟共同创办人之一，自然保护联盟致力于鼓励户外行业的其他公司向环保组织捐款并更多地参与环保工作。该联盟现在有 155 个成员，每年两次将 100% 的会费捐赠给致力于保护受到威胁的野生土地和生物多样性的基层环保组织。2009 年，此联盟支付了 90 万美元，并且该联盟自 1989 年成立以来已经为整个北美的环境保护项目资助了超过 800 万美元。

巴塔哥尼亚公司也努力地使建筑尽可能的绿色环保。他们的雷诺服务中心建于 1996 年，耗资 1900 万美元。据该公司介绍，虽然花费了很多资金去建造，但新建筑将在三到五年内节约 30%～35% 的能源，可以为绿色创新提供支持。这些创新包括可回收材料制作的隔热窗户玻璃、运动感应照明系统、辐射供热系统，以及将油从屋顶和停车场流出的水中分开的生物过滤系统。台面和地毯均采用 100% 可回收材料制成，并且该建筑是采用原始木材筑成的。1998 年，巴塔哥尼亚公司成为加利福尼亚第一个从新建的可再生能源站购买所有的电力并且在他们自己的一些商店利用太阳能电池板发电的公司。这些绿色创新能够推动项目经理进行长远思考并融入崛起的绿色浪潮之中。

同样也很重要的是，巴塔哥尼亚公司在记录环境经验教训方面的工作做得很好。正如我们在 EarthPM 博客上所述，"足迹记录"提供了关于巴塔哥尼亚公司供应链的大量视频和文本内容，并且毫不避讳地指出他们的项目或者产品在可持续性方面的问题。

11.2　添柏岚公司（Timberland）

添柏岚公司，又叫阿宾顿鞋业（Abington）公司，成立于 1955 年，于 1978 年改名为添柏岚公司，公司总部位于新罕布什尔州斯特拉瑟姆。该公司在 2009 年获利 14 亿美元。添柏岚公司为男性、女性和儿童策划、设计、推销、分配和出售优质鞋类、服装和配件，并且它的产品通过独立经营的零售商、百货公司和体育商店和他们自己的添柏岚公司零售点在世界各地销售。添柏岚公司致力于"以正确的方式做出优质的产品"，提供世界一流产品，对国际社会产生了影响，并且为世界各地的股东、雇员和顾客创造价值。他们的宗旨是："使人们能够在自己的世界做出改变，并且做得更好。"他们有四条不同途径：人、价值（包括人道、谦虚、诚实、卓越）、目标和激情。

按照这四项原则运营是一个塑造有凝聚力的、高效的项目团队的好方法。

2009 年 11 月，为了鼓励联合国气候变化会议建立有意义的排放标准，添柏岚公司发起了一项称为"不要告诉我们这不能实现"的全球运动，以环境管理而闻名的添柏岚公司鼓励全球的人民对他们的领导人制定的排放标准提出质疑。遗憾的是，这并没有实现。但是添柏岚公司仍然尽自己所能，通过改善照明设计、利用可再生能源，并创建 LEED（能源与环境设计的领导力；在第 14 章可以找到关于 LEED 的内容）来减少自身的碳足迹。

由于利润和环境直接相关，添柏岚公司的产品又是以户外活动的产品为主，因此，气候变化对他们的业务有不利影响。那么他们专门做了哪些事情去了解自己的碳足迹呢？

（1）添柏岚公司正与其他公司合作来减少产品生产过程中碳的排放。

（2）添柏岚公司设计了一种叫作"绿色指数"的工具，为消费者提供有关鞋子环境足迹的信息，这一工具也使得设计者能够选择更低碳排放的原材料。

（3）添柏岚公司正在与运输供应商密切合作，调整产品运输方式和发货地点。

（4）虽然量化其足迹的影响并不容易，即使间接量化也不容易，添柏岚公司仍然重视能够倡导有利于环境的国家政策，并通过相关网站的在线对话来吸引消费者。

自 2006 年以来，由于效率的提高、可再生能源开发和员工的努力，添柏岚公司的排放量减少了 27%（归功于其拥有和运营的设施和员工的努力），与此同时，添柏岚公司已经建好了三个可再生能源系统，包括将一个最大的、污染最严重的设施变为可再生能源系统，员工用于减少个人排放的综合系统，以及世界上第一个通过认证的 LEED 零售商店。添柏岚公司战略的关键内容之一是制订全面的减排计划，为自己的碳足迹设定界限，而这个关键性战略将会包括通过第三方供应商检查温室气体清单；提高能源使用效率来减少能源的需求；尽可能采购清洁、可再生的能源，同时建立自己的可再生能源系统，必要时，购买可再生能源信用额度和补偿用于抵消排放；发展当地可再生能源项目。

绿色指数可能是其中一个很有趣的举措，值得仔细研究。添柏岚公司的绿色指数得分为消费者提供信息，就像食品标签提供信息一样。消费者一旦了解了他们所看到的内容，就能很容易地分辨哪些产品更符合环保意识。绿色指数的评分基于项目设计和生产的领域。另外，它允许公司从环境的角度审视他们的产品，并确定制定哪些项目能提高分数。以他们的网站[5]为例：他们的产品会有一个绿色的索引标签，类似于图 11.1 所示。

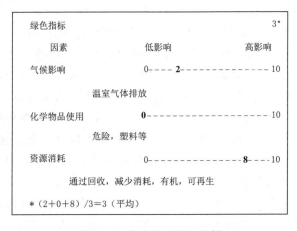

图 11.1　绿色索引标签示例

项目经理可以使用类似于我们所说的"绿色度"去评估项目如何利用绿色的工具和技术。绿色度度量以及更多与绿色项目有关的信息、工具和技术，请参阅第 13 章。

11.3　因特飞公司（Interface）

虽然有些人忽视环境问题，但有一家地板公司一直高度重视环境因素，这家公司就是因特飞公司。Ray Anderson，因特飞公司的领导者，《时代》（*Time*)上的"环保英雄"[6]，严格遵循可持续性要求。Anderson 在 Inc 杂志上的一篇文章中说"地球上没有事物能快速、轻而易举地再生，并且还不破坏生物圈"[7]。

因特飞公司为《绿色项目管理》（*EarthPM*)[8] 和《绿色黄金时代》（*Green to Gold*)[9] 的主张"做正确的事不仅是对地球有利而且守住了公司的底线"提供一个很好的例证。虽然最初致力于可持续发展只是公司为了遵守法律而执行的"政策"，但 Anderson 开始思考因特飞公司的整体影响，并且当他意识到这一点时，他提高了警惕。他要求他的工程师们设法降低工程的不利影响，减少浪费，并提高底线。

公司从注重减少废弃物做起，考虑重复使用从地毯残渣到工业废液的任何东西，在接下来的三年里这为公司节约了 6000 万美元，所以这个项目不但是绿色的，而且也是可持续性的。这篇文章指出，从 1994 年开始，到 2020 年，因特飞公司将实现可持续发展。尽管那是一篇 2006 年的文章，但在最近的 2009 年 11 月的一次采访[10]中 Anderson 表示他们仍在向 2020 年的目标不断进发，也重申绿色环境与绿色收入的关系："过去的十五年我们已经证明可持续发展是实现更多且更合理的利润的好方法。"他继续谈论了他对因特飞公司环保工作的四点看法，在这里我们解释如下：

（1）产品是迄今为止最好的，可持续性是创新的源泉。

（2）我们的工作人员总是有一种使命感，因为当一个人不仅仅是为了自己时，会追求更高的目标和自我实现。

（3）市场上极好的商誉为因特飞公司带来商机，这是因为顾客愿意选择环保公司。

（4）因特飞公司是一个很好地"实现"了可持续性的例子，你可以从他们的宗旨中看到他们关于可持续性的主张：

力求成为第一个通过自己的努力，向整个工业世界展示公司各方面的可持续性的公司，包括：人员、流程、产品、地点和利润，只要做到这些，到 2020 年，借助强大的影响力，我们的发展就会变得可持续。

因特飞公司在这一领域是非常令人敬佩的，他们已经成立了一个咨询部门帮助他人解决可持续发展之路上的问题，并在网上设立了一个非营利的在线社区。

11.4　谷歌公司（Google)

当我们想到谷歌公司时，我们首先想到的是搜索引擎，但很快就意识到它不止于此。但即使"仅仅"把它当作一个搜索引擎，我们脑海中将会浮现一个问题，即它为什么是绿色的呢？首先，谷歌公司于 1998 年由斯坦福大学博士生 Larry Page 和 Sergey Brin 创立，其总部位于加州的山景城，是一个商业巨头，在 2010 年第一季度收入近 70 亿美元。他们在世界各地有办事处，开发各种应用程序，包括专利搜索、新闻、地图、行业动态、即时消息和 YouTube 等。除了这些技术（其中一些技术，如：导航的地图，显然对环保有影响），他们还为绿色做了哪些的事情？

有一种谷歌公司的应用程序是项目经理可以直接运用的，即谷歌功率表，它是一个免费的电子监测应用程序，可以利用"智能电表"或用户自身拥有的电力管理设备中的信息，并直接向消费者个性化的谷歌主页提供电力使用的可视化信息。消费者可以访问个人使用信息，以便更好地管理、监控和控制电力的使用。利用这些数据，项目经理可以更有效地领导项目，高效地使用电力和运用有限的资源。

谷歌公司已经实施的另一项举措（我们将称之为项目）是"高效计算"：

在运用谷歌搜索信息时，你自己的电脑使用的能量可能比我们回答你查询的问题使用的能量更多。我们（在谷歌公司）也关心上述问题，并于 2007 年共同创立了绿色地球数字护航协会（Climate Savers Computing Initiative，CSCI），这是一个致力于让所有计算机更节能的非盈利组织[11]。

谷歌显然是计算机密集型的，就像许多人期望的那样，规模越来越大。但是，我们可以利用他们从工作中汲取的经验教训，并将其进行扩展，运用到我们自己的工作中。谷歌公司使用五步法实现其"创新"：①让服务器更加高效；②让数据中心更有效率；③管理用水量；④以可持续为标准淘汰掉老的服务器；⑤与其他团体成员共同为实现"高效、清洁能源的未来"而奋斗。

谷歌公司的网站称，"在到达计算组件之前，一台典型的服务器所消耗的总能量中有三分之一是浪费了的。这些损失的能量绝大多数发生在将电流从一种形式转换成另一种形式的过程中，即大部分的能量损失发生在将标准出口的交流电转换成一组低直流电的过程中[12]"。因此，仔细检查服务器的效率至关重要。我们的目标是提高现有服务器的效率或以更高效的服务器来取代（图 11.2）。对于项目经理来说，如果服务器是项目的一部分，或者是过程的一部分，那么高效可能是节约稀缺资源的关键部分。

"通过减少电力消耗来减少数据中心的环境足迹[13]。"电力和散热是数据中心能源消耗的主要因素。在一份 2007 年的报告中，美国环保局确认了这一糟糕的状况，并估计当前数据中心平均能量消耗是 96%[14]。现在谷歌公司的数据中心使用类似于核电站冷却塔的蒸发过程来提供额外的冷却。谷歌公司的目标是

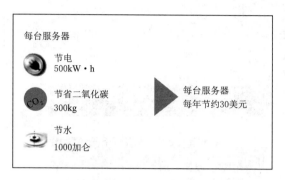

图 11.2 每台服务器每年的节省量（来源于谷歌公司）

通过使用冷却塔减少冷却器运行的时间，从而降低制冷机的能源消耗。图 11.3
简单展示了冷却塔是如何工作的。

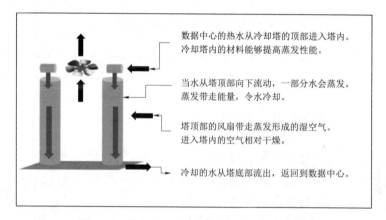

图 11.3 冷却塔工作原理（来源于谷歌公司）

在他们的计划中第三步是查看设备的用水情况。"在美国平均每生产 1kW·h
的电力就消耗两加仑的水[15]。"想想数据中心消耗的能量，就能知道数据中心消
耗了大量的水。为了减少水的用量，谷歌公司正在实施水的循环利用。他们的
目标是到 2010 年为 80％的设备提供循环水。

谷歌公司的第四步工作是电子产品处理的可持续性（图 11.4）。他们的目标
是服务器能 100％的回收或再使用。正如前面所述，在美国，电子设备的处理是
一个巨大的问题，而且这个问题也蔓延到了其他国家。随着谷歌公司第五步工
作的进行，希望我们能对电子废物的处理更关注、更认真负责。

谷歌公司最后也是最重要的工作，就是与他们的同行合作，在整个行业范
围内广泛开展工作。就如我们所知道的那样，他们意识到一个公司可以做出
改变，但当我们所努力的结果能够被更广泛运用时，我们将会获得真正的回

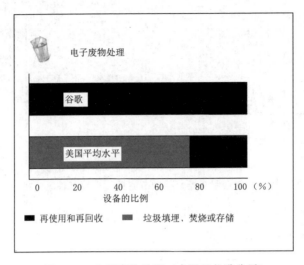

图 11.4　电子废物处理（来源于谷歌公司）

报。我们认为只有考虑项目和流程的绿色度的项目经理才能成为该项目的领导者。

11.5　欧迪办公公司（Office Depot）

当你考虑环保倡议的时候，欧迪办公会立刻浮现在脑海中吗？并没有。但是欧迪办公公司的口号是"购买绿色产品，生产绿色产品，销售绿色产品"。那么他们打算如何去践行他们的绿色口号呢？

11.5.1　购买绿色产品

欧迪办公公司主要从以下三个方面讨论绿色消费：①采购更环保的办公用品；②从具有"实行责任管理的森林"资质的公司购买纸张；③购买更环保的办公用品供内部使用。由此可见，这和我们的项目目标是一致的。公司内部尽可能使用绿色办公用品与项目本身的绿色目标一致。

目前，欧迪办公公司已制作了一份绿色采购指南，该指南涵盖产品包括回收的纸张；回收的材料制造的绿色办公桌配件；使用无毒胶水和油墨的产品；无毒的清洁用品；高效空气过滤器；等等。该指南包含了大量关于如何让项目变得绿色的信息。我们特别欣赏从他们网站引用过来的这句话："虽然我们知道大胆的举动有时是必要的，但是我们相信长期的可持续发展的道路是通过包括我们自己在内的更多企业，在每天进行购买决策时考虑环境因素来实现的。"正如我们在《绿色采购指南》中讨论的那样，我们认为以渐进的方式增加绿色采购比那种纯粹的绿色采购方式更能够促进可持续产品市场的增长，纯粹的绿色采购方式认为只有最环保的产品才被视为"足够好"。

11.5.2 生产绿色产品

同样，欧迪办公公司对他们的项目也采取三个方面的措施：①减少浪费并且回收利用；②减少设备的能源消耗和温室气体排放，提高建筑物的绿色度；③减少运输过程中燃料和温室气体的排放。他们也意识到，虽然有些工作需要初始投资，但是后期还是有回报的，在长期的运营中，能够降低能源成本，从而显著提高底线。

作为一个主要的零售商，欧迪办公公司生产大量的纸和波纹纸板。他们在循环利用方面做了很大的努力，并实现了以下目标：

（1）将纸和纸板的循环利用率增加了 21%（从 1.9 万 t 增加到 2.3 万 t）；

（2）所有商店在转运过程中实现基本的纸张回收（将买进的来料卸货，然后直接再将它们装货运走，这期间无需储存）；

（3）推出了一项创新性的设备翻新和再利用计划，经他们估算，超过 1800t 的商店装置被翻新后重新使用，同时开始购买翻新的购物车，在他们的商店里使用那些购物车。

哪些因素使这些成就能够得以实现？是领导力的驱动吗？是的。但是，需要注意的是，项目和能够从企业目标中获得权威感的项目经理也很重要。在不计算设备翻新再利用项目的情况下，欧迪办公公司已经回收利用超过 2.6 万 t 的材料，并且还在继续寻找提高绩效的方法。

有两种方法可以提高设施的绿色度：减少现有建筑物的能源和温室气体（GHGE）排放，并建造更加绿色的新建筑。欧迪办公公司早已经实施了这两种方法。他们在 2007 年加入了美国绿色建筑理事会（the U. S. Green Building Council，USGBC），这是第一家这样做的办公用品公司，并且也加入了 LEED 零售商模范试点计划，这是个多试点的进行认证的零售商项目，而不是单一试点。2008 年他们在得克萨斯州的奥斯汀获得了第一个 LEED 金牌零售运营执照，旨在日常运营中使用更少的能源和水，减少环境足迹。

根据欧迪办公公司所说，在他们最重要的北美市场中，半数以上的年财政收入是通过运输产生的，所以更有效率的交通运输工具对他们的底线有极其重大的影响。他们已计算出截至 2007 年底公司在运输过程中产生的碳排放量，连续两年持续减少（2006 年减少了 11.8%，2007 年减少了 9.6%），并购买了大量低油耗的运输汽车。这种汽车是由梅赛德斯-奔驰公司（Mercedes – Benz）设计并供能，由美国福莱纳公司（Freightliner）生产、组装的。欧迪办公公司也是

美国环境保护局的智能交通伙伴关系中的重要
合伙人，基于欧迪办公公司重要的领导能力，
该公司在 2007 年被授予 SmartWay 环保卓越
奖（图 11.5）。

11.5.3　销售绿色产品

图 11.5　SmartWay® 认证证书

　　欧迪办公公司通过向合同客户、直接客户和零售客户提供创新的绿色解决
方案，出售更环保的纸张，实现销售绿色产品的目标。对于那些创新的解决方
案，他们提供了《绿色》（*Green Book*）的目录和指定的绿色网站。

11.5.4　企业的社会责任

　　要想完善企业的绿色工作，首先需要关注企业的核心价值观：包容、创新
以及以客户为中心。欧迪办公致力于招募一支能够反映该公司业务的员工队伍，
并为员工提供一种基于诚实和相互尊重的工作环境。此外，他们想确保所有的
决策都是客观的，能利用不同供应商的优点。作为激励措施，各级管理人员都
要对核心价值观的实施负责。

11.6　微软公司（Microsoft®）

11.6.1　他们为我们做了什么

　　毫无疑问，微软公司通过他们的创始人展示了该公司对社会责任的终极承
诺。创始人 Bill Gates 和他的妻子 Melinda 利用有效的资源创建了一个基金会来
帮助所有人过上健康高效的生活。基金会的网站指出："在发展中国家，我们致
力于改善人们的健康，让他们有机会摆脱饥饿和极端贫穷。在美国，我们争取
确保所有人，尤其是那些拥有最少社会资源的人，都有机会在学校和生活中取
得成功。"

　　微软公司对全体成员的承诺是对全世界数百万的消费者和利益相关者负责。
为了满足消费者和利益相关者的需求，微软公司承诺为他们的合伙人、雇员和
社会创造价值，也承诺可持续地管理他们的企业。

　　除了企业公民身份之外，企业可持续性也是绿色项目管理者关注的一个方
面。微软公司表示，他们"承诺通过软件和科技创新帮助全世界的人和组织改
善环境，并以减少运营和产品的影响，促使领导者承担环保责任为目标"。所
以，像谷歌公司一样，微软也是信息科技的驱动者，也在全球社会中起到了积

极作用，正如他们参与联合国在美国哥本哈根的气候变化会议（Climate Change Conference，COP15）所表明的那样。可以说，不同的人收到了 COP15 发出的不同的信息，但是这里讨论的重点不是这次会议的结果，而是微软公司参与了这次会议。显然，他们是支持这项工作的，并派出技术专家解决问题。微软公司设想这样的场景，开发加快清洁能源研究和发展的软件工具，为它们提供技术支持，从而提高能源效率。同时也可以提供决策工具，以便更好地预测气候变化的影响。为之而做出的所有努力都是崇高的，但是，他们采取了哪些具体的环保措施呢？

其中一项措施是减少能源消耗和碳排放。如前所述，采用虚拟化技术可以节省能源。微软的虚拟化技术能使多种操作系统在单个服务器上运行，有可能减少高达90％的能源成本。Windows Vista 和 Windows7 系统内嵌入了能源管理系统，能降低功耗。在 Windows7 系统中，能源管理系统是默认打开的。Windows Dynamics AX 是功能强大的综合业务管理解决方案软件包，包含"环境可持续性仪表板"，能帮助客户追踪他们的碳足迹（能源使用和 GHGE）。企业可以根据获得的数据更好地监测和控制自己的设备。对于这方面更多的信息，您可以阅读 Windows Dynamics AX 的帮助文件来了解微软目前或未来的"绿色"工作。具体内容见相关网址。

11.6.2　他们正在为自己（和我们）做什么

以上就是他们能为我们做的。他们正采取什么措施提高自己的绿色度呢？目前，他们的主要任务之一是减少华盛顿雷德蒙德校园内的废弃物。其中一种方法是尽可能使用可降解材料，这种材料的主要成分是玉米和土豆。环境可持续发展经理 Francois Ajenstat 认为这项措施"减少了校园50％的废弃物"。微软公司是北美地区第一个获得绿色餐厅认证的公司。此外，他们也回收厨房油脂，将之用作校园车辆的生物柴油。微软公司减少碳足迹的一种独特的方法是使用所谓的"连线巴士"。"连线巴士"把员工从住所送到交通中心，然后再用混合动力汽车把他们送到工作的大楼，这样员工就不需要驾驶私人汽车，也就不需要占用大面积的绿地作为停车场。公司首席环境策略家 Rob Bernard 说："员工工作的大楼都是经过 LEED 认证的，这样的建筑消耗的能源约是传统建筑的20％。"

如前所述，数据中心消耗了大量的能源，同时，数据中心也是能够通过整合和虚拟化最大限度提高节能的地方。基础设施服务总经理 Arne Josefsberg 提出了一些节能建议，他说："每个月有 5 亿独立的用户访问我们的数据中心。"例如，微软公司在爱尔兰的数据中心采用数据业务高级主管 Michael Manos 命名的"空气节约"计划。该数据中心利用爱尔兰独有的凉爽气候,通过室外空气冷却数据中心。

许多公司从环境的角度考察自己的项目,我们只提供了少数几家公司的信息。这些信息可以为你提供一些实例,帮助你提高项目和组织的绿化度,帮助你从环境的视角考察项目,使工作更加有效。

11.7   通用电气公司 (General Electric)

如果将通用电气公司和绿色创想战略排除在外,那么关于世界"绿色竞赛"顶级公司的讨论将不完整。谁能忘记那引人注目的广告及其蕴含的信息?但可以肯定的是,绿色创想不仅仅是吸引人的广告,也是一项与通用电气公司的使命一致的计划。通用电气公司的宗旨是"通过解决一些诸如提高能源效率、减少环境影响等重大问题,尽可能为股东赢得最好的回报"[16]。通用电气公司的历史可以追溯到 1890 年 Tomas Edison 成立的爱迪生通用电气公司,今天,通用电气公司是一家在全球拥有超过 30 万名员工的公司,该公司 2010 年第一季度的财政收入是 368 亿美元。

通用电气公司是如何提高公司的绿色度的呢?正如我们之前说过的,绿色度与可持续发展有关。可持续发展包括人、利润和地球三重底线。太阳能在通用电气公司降低能源成本(利润)和减少碳足迹(地球)方面起到很大作用。网站资料显示,到目前为止,通用电气公司已经投资了超过 20 亿美元用于减少温室气体排放。该公司的太阳能项目,最开始设在总部康涅狄格州费尔菲尔德,后来被推广到全球 30 多个地方。通用电气公司总部太阳能的发电量是 168kW。由于该公司不断发展自己的技术,所以这家公司也是"言出必行"的公司的一个例子。

除了太阳能计划之外,通用电气公司超过 84 个项目计划将旧的照明设备更换为新的更高效节能的 T5 和 T8 灯泡(LED 灯管)。到目前为止,已经安装的那些设备为职工提供了更好的照明,那些项目将降低公司的能源成本(利润),减少公司的碳足迹(地球)。通用电气公司在过去 15 年中开展的第三个主要项目是支持"污染防治/能源效率小组",这个小组包括 6 位工程师和化学家,他们致力于经济有效地减少通用电气公司的"环境排放和温室气体排放"。

那么,通用电气公司为我们做了什么呢?

良好的公民意识是我们的生活方式,也是我们在通用电气公司工作的自然组成部分。

——Bob Corcoran

Corporate Citizenship 副总裁

通用电气公司有一些绿色项目，比如：他们正在通过捐赠重要的医疗设备帮助柬埔寨医疗保健行业。2008 年，通用电气公司和通用电气公司基金会捐赠了 120 万美金来解决达尔富尔危机，并捐赠超过 500 万美金援助该地区。

我们可以利用一些最创新的产品帮助非洲的人们。

Brackett Dennison Ⅲ

高级副总裁兼总法律顾问

这项承诺的一项重要内容是投入 50 万美元的医疗保健设备用来支持达尔富尔、中非共和国和乍得共和国的国际医疗团体。浏览相关网站，可详尽地了解这些对处于人道主义危机的群体进行捐助的捐款行动。

通用电气公司是一家多元化的公司。该公司的产品之一，中心电子病历（Electronic Medical Records），能够帮助医院和医生快速准确地获取病人的医疗记录，从而提供优质的医疗服务。通用电气公司在全球范围内开发了排放检测设备和排放控制技术。它也是世界上最大的风力涡轮机供应商之一。2009 年 12 月发布的一条新闻表明"通用电气公司获得了一项 14 亿美元的合同，为美国有史以来最大的风电场，俄勒冈州风电场，提供涡轮机，风电场使用通用电气公司先进的 2.5XL 机"[17]。该项目将建在俄勒冈州东部的牧羊人公寓，距离俄勒冈州波特兰市大约 140 英里，计划于 2010 年下半年开始，并在两年后完工。该项目的"初衷"绝对绿色。

毫无疑问，通用电气公司关注绿色。虽然并非时时如此，但是很少有公司能像通用电气公司那样表明他们一直在关注绿色。

绿色创想战略

绿色创想是一种商业战略，旨在驱动创新，促进有益的环境解决方案的增长，同时吸引利益相关者。我们通过投入自己的研发力量和外部风险投资成本来进行创新投资。由此生产的产品能够使通用电气公司和客户减少排放量，同时从销售中获得利润。我们将继续对环保解决方案进行投资，将效益和节能结合在一起，使循环得以延续[18]。

绿色创想战略目标详见表 11.1 的清单。

表 11.1　　　　　　　　　　　　　　**绿色创想战略的目标**

2008 年	2010 年	2012 年
减少 30% 的 GHG 密度（预计实现目标）	投入双倍研发经费至 15 亿美元	减少 20% 的用水量（绝对）
	努力增加 25 亿美元的收入	减少 1% 的温室气体（绝对）

注　资料由通用电气公司提供。

11.8　Steward 公司 (Steward Advanced Materials)——"毒素终结者"之家

　　绿色不仅仅包含生产或节约能源，还包括预防甚至清除有毒物质。下面我们要介绍一种强力的、可以去除有毒物质的粉末。设想有一种具有极强吸收能力的粉末。这里介绍的这种粉末不是想象的，而是真实存在的，它由 Steward 公司生产，并获得了《大众科学》(Popular Science) 杂志的绿色技术大奖——应用这种粉末可以净化汞污染水，处理后的水的清洁度比其他任何方法高 100 倍，成本大约是其他方法的一半。一茶匙这样的粉末具有足球场那么大的表面积。是的，这就是极强的吸收能力。硅基粉末进一步与硫原子结合，这样当粉末遇到汞污染的液体时（或者反过来），汞与硫结合形成稳定的粉末。垃圾填埋场使用这种粉末是安全的。通常情况下，汞需经过一个昂贵且单独的步骤才能被中和。

　　这种被称做 SAMMS 的产品已成功用于净化煤炭工厂、海上石油钻井平台和化学品生产商的废水。该产品也展现了净化其他材料的发展前景，可能通过与其他原子发生作用从而去掉硫的方式来清理放射性废物。

11.9　Sun Chips 公司 (Sun Chips)

　　SunChips 公司在加利福尼亚莫德斯托的制造厂生产零食的设施利用太阳能，那里是 SunChips 公司八大零食生产地之一。为了获得太阳能，美国能源资产公司为菲多利公司建造了一个太阳能集热器，占地面积为 4 英亩，可以容纳净器孔径面积为 57969 平方英尺的设备。在施工之前，国家可再生能源实验室对安装设计方案进行了审查并确认可行。该太阳能集热系统运行后，总发电能力为 14700MM BTU/年。

太阳能集热器技术

　　SunChips 的网站对这种生态友好型的技术进行了详细描述：

　　太阳能集热器由庞大的凹透镜阵列组成。这些凹透镜全天追踪太阳的位置，将太阳能聚焦在沿着凹透镜阵列的焦点运行的黑管上。这根黑管被玻璃管环绕，将黑管与空气隔绝，使它更高效地吸收太阳能。当超高温的水通过黑管时，太阳能将它加热到更高的温度，450°F。然后这些水再经过加热系统，产生蒸汽，蒸汽有助于煮熟小麦，也有助于加热 SunChips 公司大规模生产中所使用的食用油。最后，冷却的水通过管道流回到太阳能聚光器中。重复这个过程。太阳能收集区域产生的热能的量与 SunChips 零食生产线所需总能量息息相关。热能是运行 SunChip 生产线所需能量的一种形式，需求量为 2.4MM BTU/小时。Sun-Chip 生产线年热能需求量约为 14600MM BTU，这大约是莫德斯托太阳能集热器的热能年输出量[19]。

我们想用该公司网站一则关于 SunChips 零食公司的评论来结束这一章。虽然 SunChips 零食公司是大型企业——菲多利百事可乐公司的一部分，但是该公司的确名副其实。

11.10   总结

为乘客提供无碳出行方式的航空公司（同时也支持公司自身的绿色工作），扩建时优先考虑环境因素的组织机构，为工厂安装太阳能电池板的零食生产厂家，清除有毒物质的公司，这些组织都是行业的佼佼者。

参 考 文 献

［1］ Patagonia，mission statement.

［2］ The Natural Step，*Principle Four*.

［3］ Fair Labor Association，*Code of Conduct*.

［4］ Patagonia，*Environmentalism：What We Do*.

［5］ William McDonough，"Ray Anderson：Heroes of the Environment," *Time* magazine online，October 17，2007.

［6］ Richard Todd，"The Sustainable Industrialist：Ray Anderson of Interface," Inc. magazine online，November 1，2006.

［7］ EarthPM，*EarthPM's Five Assertions of Green Project Management*，part of mission statement，2007.

［8］   Daniel C. Esty and Andrew S. Winston，*Green to Gold：How Smart Companies Use Environmental Strategy to Innovate，Create Value，and Build Competitive Advantage* (New Haven，CT：Yale University Press，2007).

［9］ Tom Konrad，CFA，*Interview with Ray Anderson，of Interface Inc.*，Alternate Energy Stocks online，November 13，2009.

［10］ Google.

［11］ Ibid.

［12］ Ibid.

［13］ Report to Congress on Server and Data Center Energy Efficiency Public Law 109 - 431，U. S. Environmental Protection Agency ENERGY STAR Program，August 2，2007.

［14］ P. Torcellini，N. Long，and R. Judkoff，*Consumptive Water Use for U. S. Power Pro-*

duction，National Renewable Energy Laboratory，NREL/TP – 550 – 33905，December 2003.

［15］ Jeffrey R. Immelt，chairman of the board and CEO，and Steven M. Fludder，vice president，ecomagination，Letter to Investors and Stakeholders，2010.

［16］ GE Energy，press release，December 10，2009.

［17］ GE ecomagination Web site.

［18］ SunChips Web site.

第 12 章　让绿色为你赢得 "绿色"

项目经理通常都是务实的，当项目涉及到有限资源时，他们希望 "看到钱"。项目经理怎样才能表明 "走绿色环保路线" 不会造成货币流失，不会增加项目成本，甚至可能节省资金？毕竟节省项目有限的资金是项目经理的本能。

12.1　政府采购绿色产品——环保局

由于绿色采购指南对于政府项目的采购有深刻影响，我们提供了美国环境保护局的绿色采购指南的摘要。此外，它的指导原则包含了绿色度和绿色产品的特定观点和一些定义，这些内容将为项目经理对绿色度的基本理解提供帮助。可在环保局的网站上查阅完整信息。

我们应该指出的是，类似优秀的信息可从其他政府资源中获得。欧盟全球公共采购指南是这样描述的："政府部门根据采购指南寻求具有相同功能，但在生命周期内对环境影响较小的商品、服务、工厂。" 要想了解这项工作的成果，可以查阅一项关于全球公共采购（GPP）影响的研究。

美国环境保护局环境优先型采购的历史

1998 年，时任美国总统 Clinton 签署了一项行政命令（EO13101）。这项命令标题为 "通过废物预防和回收以及联邦政府采购等方式建设绿色政府"。这项命令衍生了一些修订意见和其他行政命令，形成了现在所使用的采购环保产品和服务的 "最终指南"，进一步将 "环境优先型产品或服务" 定义为："比较具有同样功能的产品或服务，对人类健康和环境影响较小的产品或服务是环境优先型的。比较它们的原料收购、生产、制造、包装、分发、再利用、运营、维护及处置。" 最终指南的意义是为联邦政府机构及那些与政府做生意的公司提供一些标准，使他们的购买决策更加绿色环保。该指南没有提供个体产品或服务的具体信息，但在第 14 章有一份详细的资源列表可供查阅。

联邦采购虽然承认 "环境优先" 的定义，但可能需要酌情考虑不同情况下的不同环境因素。该指南适用于所有采购类型，从供应品、服务到建筑物、系统等各种类型。它也为环境优先型采购的贯彻实施提供了指导原则和执行框架。

虽然指南是针对联邦机构的，但与联邦政府有业务往来的私营部门也应考虑这些信息。指南不仅着力促进更好的采购，同时也鼓励公司购买源自"可再生农业或林业材料"的产品。

美国环保局制定了五项指导原则：

1. 原则 1：环境＋价格＋性能＝环境优先型采购

我们一直认为项目经理必须从环境的角度看待项目。因此，我们完全同意环保局的主张："环境因素应与产品的安全性、价格、性能、可用性等传统因素一样成为正常采购的一部分。"这项主张实施得越早，就越能更早实现环境优先型采购。为了充分实现环境优先型采购，当项目概念形成时就要贯彻环保局的主张，而不只是在项目实施阶段才运用这种思维方式。请记住，不论大型或小型项目，都有数十、数百、甚至数千构件，这些构件都应按这一准则进行评估。

2. 原则 2：污染防治

我们也同意以下观点：在项目的早期构思阶段就应该考虑环境优先原则，这个原则植根于污染防治理论之中。

国防部将污染防治与所有主要武器的采购项目整合在一起。例如，新型攻击潜艇（以下简称 NSSN）项目在潜艇生命周期的所有阶段都考虑了环境因素，从最初的设计阶段到大约 30 年或更长时间之后的最终处置阶段。

NSSN 项目在设计阶段就考虑了所有可行的环保方案，确定了若干有益措施，这里仅列举一些例子：

（1）重新设计核反应堆，堆芯无需加油，也无需处理核废燃料，能节省数百万美元的成本。

（2）在确保 NSSN 项目所选的所有油漆都满足性能和环保要求的前提下，油漆和涂层的用量减少 31％。

（3）与以前的潜艇相比较，NSSN 项目胶黏剂的用量减少 61％。

（4）溶剂和清洁剂的用量减少 80％。

（5）努力研发一种可用于潜艇的可生物降解的液压油，取代目前使用的有毒的油基流体矿物。

由于在项目的早期就认识到要减少船舶在其生命周期内对环境的影响，其关键在于污染防治和危险材料的控制和管理，因而 NSSN 项目能够设计出满足严格的安全和性能要求，显著节约成本且对环境造成的风险最小的潜艇。

3. 原则 3：生命周期思维方式/多重属性

这是五条指导原则中我们最喜欢的一条。有关的详细信息请参阅第 9 章。绿色项目经理在考察他们的项目时，必须比传统产品（项目）考虑更多的因素。

他们必须全面考虑从项目发展到处置的各个阶段及其对环境的影响。另外，生命周期思维涉及多重属性的概念。环保局指南主张"产品或服务的环境优先性属于多重属性的一个方面"。

从多重属性的角度来看，比如，从能源效率、毒性降低、对脆弱生态系统的影响减轻这三个方面考虑就非常有意义。由于各种属性的相关性，如果不同时考虑所有属性，则对任何属性都可能存在潜在的负面影响。但是，环保局还指出，最终的决策可以基于单个属性，因为在特定领域需要特定的产品或服务。关键在于项目经理在决策时应该考虑多重属性和影响。

4. 原则 4：环境影响的比较

项目经理做出的任何决策，都会有所取舍。无论项目经理使用哪种决策工具，都是在比较各种决策工具之后做出的最佳选择。环境影响方面的决策也不例外。美国环保局认为当考虑环境影响因素时，需要考虑以下几个方面："可逆性和地域的影响，竞争对手产品或服务的差异度，以及最重要的一点——保护人类健康。"此外，美国环保局规定："为了确保环境优先性，行政机构人员可能需要比较各种参与竞争的产品或服务对环境的影响。例如，使用某种产品需要的能源较少，但是使用另一种参与竞争的产品造成的水污染较少，二者哪一个更重要？理想的选择将是能源效率最优而水污染最少的产品。但是，想得到这样的产品是不可能的，所以行政机构人员不得不在这两个属性之间做出选择。同时考虑环境影响的性质和竞争产品的差异程度是很重要的。"

优先考虑的人类健康压力源列表（不是按重要性排序）：

- 环境空气污染物
- 有害的空气污染物
- 室内空气污染
- 职业性化学品接触
- 生物累积性污染物

最重要的是对属性或环境影响进行排名，但这一点没有被广泛接受。项目经理在进行项目决策时要考虑三个因素：

（1）恢复时间和地域规模：如何迅速恢复环境影响？这个问题的影响范围有多大？

（2）如前所述，正在考虑的产品或服务有什么特别的属性？

（3）保护人的生命是最重要的。

5. 原则 5：环境绩效信息

购买决策所使用的信息完整、准确，且与正在考虑中的产品和服务的环保性能相关，这是必要的。这种说法听上去就是理所当然的，但由于许多企业存在为他们的产品和服务漂绿的做法，因此仍然需要明确说明。再者说，它貌似很明显，但传达信息之前要花较长的时间确定数据的有效性。例如，制造商提供的信息可能比诸如消费者报告或者能源之星这样的第三方机构提供的信息更加可疑（能源之星在 2009 年庆祝了成立十周年）。

更好地了解联邦指导方针能使项目经理充分利用补助、退税，或任何其他可能获得的奖励，达到显著降低成本的目的（成本是稀缺资源之一）。

12.2　补助和退税

我们要增加一个免责声明：尽管我们提供了一些信息，但这些信息肯定是不够全面详尽的。我们提供了一些网站链接，推荐了一些书籍和文章，以便进一步调查。此外，我们在本书中使用的补贴和退税的调查信息是本书出版前的最新信息。我们确信以后会有更多的（而不是更少的）补助和退税信息可以利用。此外，读者的研究对我们以后的研究会有所帮助，我们最新的研究在网站上可以查看。

可用资金有哪些？

已经为完善绿色工作预留了一大笔资金。好消息是所有的关键词都是项目。我们查看了参议院法案 S.1436 的前半部分，有一份 2010 年能源与水资源开发相关机构拨款的法案，这项拨款超过 340 亿美元，在这份法案中项目一词被提到了 14 次。仅这项法案资助的资金就超过 340 亿美元，且大部分资金用于资助项目！

1. 美国复苏与再投资法案和绿色项目

美国复苏与再投资法案（The American Recovery and Reinvestment Act，ARRA），签署于 2009 年，总计有 7870 亿美元用于刺激经济，其中大部分资金投资绿色项目（图 12.1）。

所有的州都以这样或那样的方式获益。新泽西州的企业和公民从 ARRA 的绿色因素中获益[1]就是其中一个例子。

迄今为止，总计有 7500 万美元拨款用于帮助州和当地政府提高绿色能源效率。美国能源部门直接划拨 6100 万美元继续用于人口和能源消耗；为那些没有资格直接获得拨款的城市提供 1000 万美元；资助 400 万美元用于提升国家设施的能源效率。此外，国家能源计划（SEP）将为"扩大可再生能源效率"项目提供 7300 万美元。1500 万美元将作为补助和贷款提供给公共及私人企业的可再生能源技术和能源效率或替代能源项目（再次提到"项目"这个词）。1500 万美元作为低利率贷款提供给个人，使家庭能够更有效地利用能源。另外，2056 万美元颁发给对可再生能源和能源效率项目做出贡献的国家机构。1700 万美元提供给市政电力公司（油和丙烷）客户，另外 400 万美元用于提高国家设施的能源效率。

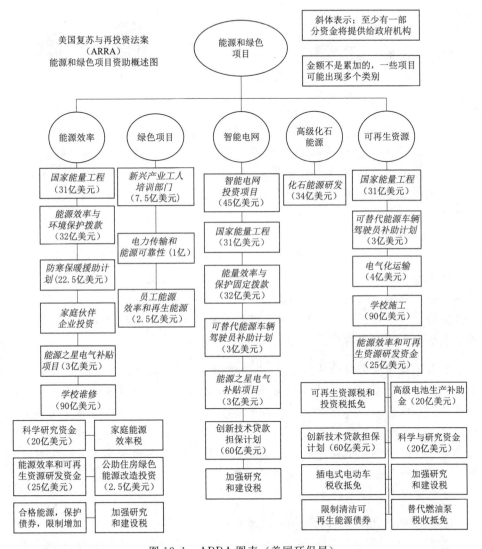

图 12.1　ARRA 图表（美国环保局）

这 14800 万美元仅仅只是拨给新泽西州的，也仅用于其中一项经济刺激计划，再乘以 50 个州，这么多的项目足够让美国的绿色项目经理们忙上几十年了。不仅美国是这样，全世界许多国家（或国家组织）都有专款，其中大部分专门用于绿色项目。图 12.2 显示了各个国家用于绿色项目的资金占总资金的相对比例。

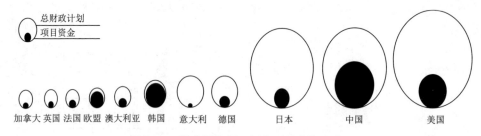

图 12.2　部分国家用于绿色项目的资金分配

我们知道在美国这些以万亿计的金额巨大的资金并不都是用在绿色工作上，但是仍然有很大一部分资金是用于可持续性和环保项目。"走向绿色"的工作——全面绿色，从将绿色作为项目目标到项目整体绿色——将获得大量资金。项目经理需要走在前列，因为他们有高效处理资源的能力，其中资金似乎是决定性的资源。

2. 美国能源部

据 Kelly Vaughn 于 2010 年 1 月 19 日发表在 GreenBiz 网站上的报告："上周，美国能源部部长 Steven Chu 宣布，美国能源部正把目光投向了长期被忽视的货运业，奖励'超级卡车'高效项目 1.15 亿美元。"2010 年 1 月 11 日美国能源部能源发表了如下声明：美国能源部长 Steven Chu 宣布花费 1.87 亿美元用于提高重型卡车和客车效率。

今天，在印第安纳州哥伦布市，Steven Chu 宣布选择九项总金额超过 1.87 亿美元的项目来提高重型卡车和客车的燃料使用效率。这笔资金中超过 1 亿美元来自于美国复苏和再投资法案，其中私人投资比重占 50%，这将为全国各地的研究、发展和示范提供大约 3.75 亿美元的资金支持。九位获奖者表示，他们的项目将提供 500 多个就业机会，主要包含开发新技术的研究人员、工程师和管理人员。到 2015 年，这些项目将有希望提供 6000 多个就业机会，其中许多就业机会将由制造业和装配业提供[2]。

3. 佛罗里达州的太阳能退税和其他计划

在 2006 年，佛罗里达州制订了一项太阳能退税计划，该计划鼓励居民和企业考虑使用太阳能。佛罗里达州是国家采取措施促进能源"绿色"的典范。尽管佛罗里达州已经用尽了当时所有的资金，但这并不排除未来还有拨款的可能性，而且在你所在的州或县去寻求退税也是值得的。当然，像任何项目一样，与现有能源使用相比，该项目的系统规模有多大，以及有多少太阳能将被提供也是有限制的,等等。可用退税金额见表 12.1[3] 所示。

表 12.1 　　　　　　　　　　　　**可 用 退 税 金 额**

退税项目	住　宅	商　业
太阳能光伏发电系统	20000 美元	100000 美元
太阳能热系统	500 美元	5000 美元
太阳能热水器	100 美元	不适用

注 佛罗里达州能源和气候委员会。

除了太阳能退税计划,佛罗里达州也提供了其他几个绿色项目的激励计划。从 2008 年到 2009 年,一些项目和奖励的例子如下:

(1) 可再生能源和节能技术补助金:威拉德(Willard)和凯尔西(Kelsey)太阳能集团国际太阳能园区生产和行政总部奖励 250 万美元;ARI 绿色能源公司,为下一代小型风力发电机系统生产基地提供 250 万美元补助。

(2) 生物能源补助:东南亚可再生燃料公司提供 250 万美元用于种植甜高粱,用于先进乙醇生物的炼制;佛罗里达州晶体公司和 Coskata 公司提供 19.5 万美元的资金用于商业性生物液体燃料工厂和桉树能源植物园工程。

(3) 绿色政府补助计划:佛罗里达州的能源和气候委员会可批准拨款给各市、县和学区,制订和实施绿色政府计划,这些计划被定义为包含减少温室气体、提高生活质量、加强国家经济等内容的成本效益解决方案。也就是说,坚持三重底线的概念。

(4) 可再生能源税收抵免计划:销售税免税规定将在 2006 年佛罗里达州颁布的能源法案中成为可能,这项规定针对促进"支持氢和生物燃料技术的基础设施发展"的个体和公司制定,如氢能源汽车和加油站,以及生物柴油与乙醇的"基础建设、运输、配送及储存"。

4. 能源供应商

越来越多的能源供应商(公共事业公司)为那些想要节约能源的人提供奖励机制,这是一种聪明的方法。乍一看,这像是公用事业公司以一种无私的态度来减少能源使用,这将导致他们的利润降低。然而,这更是由两种情况共同作用造成的,增加基础设施的成本过高,并且大部分公用事业公司的利润受到监管。从长远来看,减少能源使用不仅对消费者有利,而且对公用事业公司也有好处。那么项目经理如何才能利用这些类型的资金呢?

对于新房建设业务的项目经理来说,答案很简单。像地热热泵、风力涡轮机和太阳能电池板等绿色节能设备有 30% 的成本税收抵扣。对于商业应用来说,可能会稍微复杂一点。

位于得克萨斯州奥斯汀的奥斯汀能源公司有一项综合项目[4],提供"合格的内部或外部照明、建筑围护结构、空调、电动机、变频驱动器和其他技术"的退税。并且为商业能源管理提供高达 10 万美元的奖励。此外，它还为数据中心的改进提供了高达 20 万美元的奖励，如"服务器虚拟化、大规模闲置磁盘阵列（MAID）的存储系统、不间断电源（UPS）、冷却器/冷却塔和热储能系统的改进"。

5. 能源审计

参考当地燃气公用事业提供的家庭能源审计，作者最近对此有了一些个人经验。能源审计是针对作者家中一小时以上节能状况的个性化专家评估，包括通过鼓风机门试验获得关于空气泄漏的详细调查（图 12.3）。形成了一份节能途径的完整报告，并且确定了几项优惠服务。特别是建议在日光浴房和车库上方设隔热层，并补贴费用，75％的费用由电力燃气公用事业承担。最好的两种节能途径（阁楼门和烟囱通风口）每分钟将减少 1000 立方英尺的气流（热损失），几乎可以立即收回成本。除了电力公司为绿色项目提供激励外，南加州天然气公司（Southern California Gas Company，SCGC）[5] 将他们的退税结构分解，落实到每一项基础产业，这也是提供绿色奖励的另一种方式。

诊断工具

　　使用被称为"鼓风机门"的专用风扇测试房间里的气密性，有助于确保空气密封工作是有效的。节能激励机制计划，如美国能源部/环保局能源之星计划，要求利用鼓风机门实验（通常不到一个小时）确认房间的气密性。

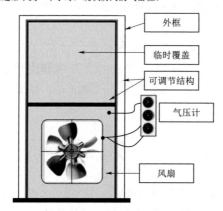

图 12.3　诊断工具

鼓风机门实验原理

鼓风机门是一个安装在外门框架上的大功率风扇。风扇从房间里抽出空气，降低房间里面的空气压力。外界空气压力较高，从所有未密封的裂缝和开口流入房间。审计员可以使用烟雾探测器检测空气泄漏。这些实验能确定建筑物的空气渗透率。

鼓风机门由安装在门口的框架和柔性面板、变速风扇、测量房间内外压力差的压力表，以及用于测量空气流量的气流压力计和软管组成。

SCGC 为酒店及住宿行业提供了以下三种方案：

1）快速退税计划——用于锅炉/储存热水的加热器、即热式热水器、泳池加热器等设备。

2）商业餐饮服务退税计划——用于烹饪设备和其他食品服务设备。

3）商业能源效率计划——用于机构内部洗衣房烘干机、废水回收系统、高效臭氧洗衣系统。（通过电力控制系统产生臭氧，再将臭氧注入洗衣水中。臭氧是一种强氧化剂，能除去衣服上的污物[6]。）

有一些激励措施基于购买更节能的设备，有一些激励措施取决于使用以前的加热设备，还是使用节能加热设备，还有一些激励措施以保温层的类型（尺寸）为基础。不管怎样计算节能，它都会转换成真正的货币储蓄，减少项目支出。

12.3 已执行措施

那么，执行这些措施的公司在他们的项目中节省了多少资金呢？

12.3.1 美国银行

美国银行进行了一项使用轻重量纸张的项目，从而将其自动取款机收据的基本重量从 20 磅减到了 15 磅。该项目不仅节省了纸张，而且还使银行在运输、储存和处理方面节约了资金，每年节约的资金达到 50 万美元[7]。

12.3.2 苹果（Apple）公司[8]

像许多公司一样，苹果公司也有一个"走向绿色"的活动，其中一个项目是减少产品的尺寸，产品变薄变小。据苹果公司网站介绍，仅以新的 iMAC 电脑产品为例，每销售一百万台 iMAC 电脑能节约"10000t 材料——相当于 7200 辆丰田普锐斯"。另一个项目是在 2006—2009 年间减少其包装的 40%。其结果是"各航空公司的集装箱多装 50% 的货物，相当于节省了一个能装运 3.2 万个集装箱的 747 航班的量"。

12.3.3 施耐德（Schneider）国际公司

被称为 VICS 的非营利组织，即志愿行业间商务解决方案协会（the Voluntary Interindustry Commerce Solutions Association，以下简称 VICS），设

计了一个名为"空里程服务"的项目,这个项目有益于环境和资金,这一点已被梅西(Macy)百货和许多其他公司所证明。VICS确定了与货运公司相关的经济和环境问题,货运公司将零售货物运送到预定位置,回程时空载。该组织设计了一个项目,允许货运公司,如施耐德国际公司,发布货运路线并确认哪些返回路线是空载。像梅西百货这样的零售商已经利用了这个项目,并从施耐德国际公司获得了更具竞争力的价格,因为其他零售商还在为卡车司机返程运输买单,而梅西百货已经确定了施耐德国际公司定期运送的路线,让其他公司有机会填补空载。施耐德国际公司自2009年推出"空里程服务"项目[9]以来,已经与梅西百货和其他近30家公司合作。

施耐德国际公司还发起了一个减少温室气体的倡议(项目),在一年的时间里减少了61.65t碳,1.47t氮氧化物,和5554加仑的柴油[10]。以每加仑3美元计算,每年可以减少16662美元的消费,毫无疑问,这对环保节约来说也有巨大好处。

12.3.4 洛克希德-马丁公司 (Lockheed Martin)[11]

洛克希德-马丁公司用一种四管齐下的方法"走向绿色",他们所从事的项目对环境有很大的影响,但同样重要的是人和底线(利润)。他们正在实施一个平衡项目,该项目涉及建筑、IT、可再生能源和购买可再生能源信贷。

到目前为止,8栋洛克希德-马丁建筑物取得了美国绿色建筑委员会的LEED认证,还有另外20栋洛克希德-马丁建筑物通过了各种级别的认证。此外,洛克希德-马丁公司在许多项目上已运用能源管理系统。

例如,在阿肯色州的卡姆登,洛克希德-马丁公司在导弹和射击的控制设施上运用了建筑能源管理系统,使用软件系统控制照明和空调,该系统的应用使成本降低了209124美元,也减少了电力需求,从而使二氧化碳排放量减少了2332t。佛罗里达州奥兰多市的导弹和射击控制设施的照明系统升级后,节省了308451美元,并减少了电力需求,因此二氧化碳的排放量减少了2511t。

为了实现"绿色",他们的IT部门不断努力,洛克希德-马丁公司已经明确了信息技术为降低能源消耗带来了大量机会。在过去两年,洛克希德-马丁公司已经实施了服务器虚拟化计划,从而为该公司节省了120万美元的商业成本。由于减少了1700个计算服务器,该公司节约了1100多万kW·h的电力,减少了7000t的碳排放。公司通过整合数据中心,利用智能软件管理IT资源容量,使用能源之星额定功率和冷却系统,完善关键数据中心支持流程和工具等方法提高效率。

为降低化石燃料价格波动的风险,洛克希德-马丁公司也正在加强可再生能源的利用，包括太阳能、风能、流动水能、生物质能（有机植物和垃圾废物）和地热能。2008 年，洛克希德-马丁公司开始运行该公司第一个生物质能锅炉系统，这是一个旨在降低企业成本的项目，该项目也取得了巨大的环境效益。现在，一家位于纽约奥韦戈，占地 180 万平方英尺的洛克希德-马丁公司利用生物质能锅炉系统产生的蒸汽满足设备的加热和加工需求。应用该系统以后，预计设备每年将减少 9000t 的碳排放。

洛克希德-马丁公司在加州森尼维尔有一个旨在减少能源使用的现场太阳能发电厂，预计每年将节约 130 万 kW·h 的能源。

2009 年，洛克希德-马丁公司购买了 98063334kW·h 绿色电力，占公司总用电量的 5%。据环保局计算，洛克希德-马丁公司购买的绿色电力大约相当于 9768 个美国家庭每年的用电量。这一举措也能减少二氧化碳排放，减少量大约相当于 12898 辆客车的年二氧化碳排放量。

12.3.5 雷神公司（Raytheon）

雷神公司的大量温室气体排放来自能源消耗。雷神公司主要的能源消耗是由他们的 IT 部门造成的。因此，该公司决定把"绿色工作"项目集中在数据中心，数据中心为空间和电力限制提供了机会。

根据 Rick Swanborg 在 2009 年 6 月 29 日发表于《计算机世界》一篇文章（网络版）所述，作为项目的一部分，雷神公司虚拟化或淘汰了 1300 台服务器，建立了通用数据库服务，减少了系统采集、电力和冷却成本，尽管容量需求增长了 25%，这些举措却使该公司能够避免建造主要数据中心。此外，Swanborg 说，绿色 IT 项目 2008 年节省了 1100 多万美元，并且雷神公司 2008 年超过了预定目标，实现了成本降低 38%[12]。

12.3.6 密歇根（Michigan）大学

现今大多数学院和大学正在重新评估他们的开支，使有限的可用资源更有效。密歇根大学安娜堡（Michigan - Ann Arbor）分校，像所有的高校一样，耗费大量电力运行成千上万的服务器来维持他们的计算机网络。该校实施了一个减少服务器用电量的项目。他们首先确定是否能对数据中心进行整合，答案是肯定的。该项目的第二步是将服务器虚拟化，因此他们在社区提出了名为"虚拟化服务（VaaS）"的项目。

在密歇根大学的校园里，每台服务器都需要耗费电力来运行和冷却，这为减少电力使用和相关成本提供了巨大机会。为了了解 VaaS 项目的影响，考虑让服务器每天运行 24 个小时，每周运行 7 天，则总共产生 8760 小时/年的能源消耗。密歇根大学每小时的电力成本是 0.087 美元/(kW・h)，一般的服务器额定功率为 0.350kW。

电力服务器年成本＝8760×0.087×0.350＝266.74(美元)

电力服务器平均每年的冷却成本＝533.48 美元（取决于数据中心的冷却效率或能量利用率——PUE)

电力服务器平均每年总成本＝800.22(美元)

将每台服务器平均年总成本乘以密歇根大学上千上万服务器的总数量，这个计算表明有可能显著节约成本。考虑到 VaaS 项目的整合比例是 40：1（40 台物理服务器可以整合到 1 台物理服务器上运行），长期的能源和成本节约显而易见[13]。

我们意识到，虚拟化可能并非对所有数据中心都有利，因为还涉及可用性、可恢复性等问题，但对于数据密集型项目，这是一个可以考虑的因素。

12.3.7　简短的案例

（1）利宝互助保险集团（Liberty Mutual）：规定并奖励员工做到随手关灯，在办公桌上留一件毛衣，晚上关掉复印机，利用整栋大楼的粉碎垃圾箱，整合办公用品订单，尽可能拼车，等等，公司通过这些措施使效率及环保质量得到提升。

（2）史泰博公司（Staples）：限制运载卡车的最高时速为 60 英里/小时，每年节省 50 多万加仑的柴油。

（3）雅培公司（Abbott Laboratories）：向员工提供节油混合动力车辆，该公司的 6500 辆汽车达到了碳平衡状态，这一举措每年帮助该公司减少了 40 万加仑的天然气消耗。2008 年雅培公司修改了产品包装，此举让该公司的塑料用量减少了 270 万磅。

以上都是一些公司或项目节省资金的案例。

12.3.8　杜邦（DuPont）公司

根据资深作家 Nicholas Varchaver 于 2007 年 3 月 22 日发表在《财富》杂志的一篇关于"化学作用"的文章中写到，"杜邦公司 290 亿美元收入中的 50 亿美元来源于可持续产品，这些产品可能是纯绿色的材料，如生物丙二醇，这是一种从谷物中提取的物质，可以作为西服或地毯的纤维，甚至可以用作飞机的除冰剂。这些产品也可能是高密度聚乙烯合成纸，这种化学材料可以追溯到 20 世纪 50 年代，它能为提高能源效率提供新方法[14]"。这是一个以绿色为初衷，并产生绿色效应的范例。

12.3.9　朴次茅斯啤酒厂（Portsmouth Brewery）

新罕布什尔州朴次茅斯市中心的一家酿酒厂实施了一个将食物废料和纸制品 100％制成堆肥的项目。我们认为实施环保工程的一个潜在目的是降低处理成本。垃圾回收，特别是对企业而言，在未来将变得更加昂贵。如果企业家可以找到其他几乎不需要成本的方法来处理废品，那么这将直接转换为利润，并节省稀缺资源，如垃圾填埋场。

12.3.10　科勒（Kohler）公司

科勒公司[15]正在生产一种名为"无水小便器"的产品。虽然这不是一个特别愉快的话题，但有趣的是，根据他们的资料，每个小便器每年可以节省多达 4万加仑的水。大概换算，相当于加州圣地亚哥或得州加尔兰市的一个商业用户每年大约节约了 200 美元的水费。价格约为 947 美元的小便池，大约比低流量的小便池贵 500 美元，其投资回收期约为两年半。然而，在大多数城市，下水道费率都是基于用水量的一定比例，例如在纽约市，4 万加仑用水的总费用每年约为 361 美元，所以回收期大大减少，毫无疑问，节约了资源。

这些是"让绿色能为你赢得'绿色'"这一举措节约资金的一些例子。你可以看到，有些项目需要在前期投入资金，后期能节约成本。然而，有些举措不需要任何投资就可以直接获得收益。此外，我们还想提醒你，有时候实施这些措施的意义不仅仅在于节约成本。作为一名项目经理，一位项目团队的领导者，大型组织的一部分，你怎样才能为保护稀缺资源做出贡献？请查阅第 13 章。

参 考 文 献

［1］　Kelly Vaughn，With Money on the Table，What's the Best Move for Green Trucking？
［2］　Ibid.
［3］　Lockheed Martin.
［4］　Kohler.

第四部分

跨 越 终 点 线

We are judged by what we finish, not what we start.
评判一个人的标准不是看他的起点有多高，而是看他最终能达到怎样的高度。

Anonymous
佚名

第 13 章 绿色项目管理工具、技术和技巧 (绿色项目经理的工具箱)

项目经理能利用各种工具和技术，使项目产品和过程、项目团队、办公室、机构更绿色。众所周知，正如第四部分开篇所说，重要的是你做到了什么。如果你只是在你的办公室里重复利用纸张，你的碳足迹不会减少，除非你确实做出了改变。我们意识到这本书可供全世界的项目经理参考，我们一直努力在做的工作之一就是通过研究并提供项目绿色化的相关信息，帮助项目经理节约宝贵资源，因此您可以将我们的研究成果用于您正在做的项目。为了运行一个项目并使项目绿色化，我们定义了一些必要的术语，并提供了一份路线图。以下是我们收集的相关信息，这些信息有助于项目经理了解项目绿色度的重要性。当然这些信息并非详尽无遗，但是这些建议（技巧、工具和技术）能使项目经理的工作更容易。为了更深入地了解绿色项目管理，第 14 章将提供更多信息，介绍一些网站、书籍和文章。

以下是帮助项目变得更绿色的一些建议。

1. 这些技术由 PSODA 布鲁斯·阿里沃德（Bruce Alyward）提供，这家公司为项目管理提供了一系列工具，把计划和项目管理作为完全托管服务，也称为软件服务。Bruce 认为可能影响项目碳足迹的因素有三个方面：

（1）外出参加会议：外出参加会议对环境（比如飞机、火车和汽车）和成本都产生影响，这些影响需考虑参会次数。行程越远，这些影响就会越大。随着现代的数据连接速度和可靠性的提高，IP 语音（VoIP）和视频 IP 技术的应用，在各个团体之间举行虚拟会议成为可能，这种方式成本小且不用耗费出行时间。使用电子虚拟会议技术的另一个好处是你可以为任何不能参加会议的人记录会议内容，并以电子形式存档。现在甚至有技术能让你看到世界另一端的人的三维图像，虽然这对于大多数项目会议可能要求有点高。

（2）向所有利益相关者发送文档传达这样的信息：移动纸质文件对环境及该事项的项目预算产生的影响程度可能是相同的。长期以来，我们一直在讨论无纸化办公的问题，但是我们仍在印刷并发送（或张贴）纸质文件。所以我们正在砍伐树木制成纸张用于印刷，并且耗费燃料来移动那些纸张。项目正为此花费大量资金！虚拟项目文件夹（例如，Psoda）能让你安全地存储所有项目信息，并以可控的方式与所有利益相关者和团队成员共享这些信息。这意味着每个人都可以访问最新版本的文件，而不必注意谁有什么版本。因为不再向全国（或世界）各地发送文件，所以使用的纸张（以及打印机油墨）减少，对环境的影响降低，也节省了邮费。另外，这对提高项目透明度也有好处，并且虚拟项目文件夹可以自动记录所有管理变更。如果你正运营多个项目，那么像 Psoda 这样的系统可以自动分析每个项目的信息，得到项目或资产组合管理的评价，为你写那些月度报告节省时间和精力。

（3）在数据中心运行服务器存储项目数据：您可以用以下两种方式中的某一种方式来部署虚拟项目数据库，即在数据中心配置一台新服务器或共享托管环境（也被称为软件服务或云计算）。在数据中心配置一台新服务器（即使是虚拟化服务器）将花费额外成本用于配备管理员，并培训管理员怎样维护服务器，也会增加数据中心的整体碳足迹。如果共享托管环境，那么这些服务器的碳足迹将会被使用共享基础设施的所有组织分担。以 Psoda 为例，与部署自己的服务器相比，这就意味着共享托管环境产生的碳足迹只占前者的百分之一。

2. 以下是流行播客主持人、Cranky 中层经理和网站总裁 Wayne Turmel 的一些建议：

（1）协作工具：一种显而易见的"项目绿色化"的方式就是减少差旅；当然，在项目经理做出正确的选择之前，金融人士可能已经那样做了。如果恰当地利用这种方式，就能避免召集人员聚在一起，但是前期工作和后续工作当然要做得更多，可以合理地同时利用同步工具和异步工具。此外，使用异步工具，如共享文档、维基百科，能确定文档版本，只打印真正需要的文档，从而节省大量印刷成本。

（2）为了使协作工具更有效，我们需注重人际交往。帮助队友互相了解。在目标一致，相互尊重，相互竞争的基础上建立信任。如果你不允许成员们在信任的基础上增进交流，那么你将为此付出代价，比如不守约、不守时、工序错误。人际交往是必要的工作，而不是浪费时间。

（3）运用各种工具。有时你需要看到对方的脸，可以用网络摄像头（Skype 或其他视频服务）。有时你需要快速、即时的消息，你可以运用即时通信。一个重要的建议是（在允许的条件下）记录网络会议和电话会议。了解可利用的工具，并指导团队成员、管理人员和员工有效地使用这些工具。跟踪使用情况，如果已付费工具没有被采用，找出原因。

（4）鼓励使用共享文件和异步工具。有一些免费工具，比如 NING 和 GoogleDocs，令人惊奇且免费，或者费用很低（见 14 章）。微软的一个网络平台 SharePoint 是一个备受争议的工具。花时间去学习它，把它与你的电子邮件和其他工具整合在一起，然后鼓励人们去适应它。技术并不是答案，有策略性的运用技术才是答案。

（5）通信不仅仅是数据传输，需要我们通过语境去理解那些信息，才能使它们变成我们的知识。

（6）共享网络会议和电话会议的领导地位，提升了每个人的主动性。

3. 谷歌创意（欲了解与谷歌绿色计划有关的信息，请访问相关网站：谷歌公司有一些很棒的想法，并且已经在位于加利福尼亚州山景城的校园实施了这些想法，其他公司也能轻松地采用这些方法。

（1）公司大楼之间有共享自行车供员工使用，这些共享自行车用于校园周边的短途交通。

（2）公司在海湾地区提供大量班车接送服务，员工减少了使用自己的车上下班的需要。这些班车使用生物柴油。

（3）公司食堂的废弃物被分类，其中的有机部分用于堆肥。他们减少了可分解的一次性餐具的使用。

（4）公司为员工提供了一个免费的汽车共享项目，公司提供 8 辆插电式混合动力汽车，这些汽车停在太阳能板车库，确保证它们可以使用。

（5）建筑物的建设中采用了对员工健康更有利的、环保的可持续性建筑材料。尽可能设计一些永远不会进入垃圾填埋场的产品。尽可能保证通风，有新鲜空气。尽可能采用自然光。尽可能使用 PVC 和无醛材料。

（6）谷歌公司的厨师尽可能地使用当地可持续的有机原料。例如，咖啡馆150 菜单上所有材料成分的产地在 150 英里范围内。该公司在山景城还有一个季节性的农贸市场，院内设有一个有机花园。

（7）谷歌公司与几家住宅太阳能公司合作，为那些想在家中安装太阳能的员工提供折扣。

（8）（这项措施不适合所有的组织）谷歌公司在过去两年里租用了约 200 只山羊在该公司的一些草坪上修剪草坪。这种方法和割草的成本一样，但山羊更安静，并能提供免费肥料。

4. 更智能的计算——赛门铁克公司绿色 IT 报告中，2009 年在主要调查领域中的调查结果[1]表明：

- 目前绿色 IT 是"必不可少的"。
- 绿色 IT 预算正在增加。
- IT 愿意为绿色设备支付溢价。
- IT 是企业绿色工作的核心。
- 绿色 IT 倡议更具有优先权。

（1）尽量多收集数据，包括现有的计算、能源使用、冷却要求、必要的规模调整和潜在的增长、可用的新技术，收集和存储数据的其他方法等。我们总是说，任何项目的规划工作要与项目的规模相符。对于一个组织而言，计算的费用可能最高。因此，规划计算是一个大项目，需要大量的规划工作。

（2）在设计新的数据中心或升级现有的数据中心时，要确保新的服务器是最有效的，以提取每瓦耗电量的最大性能。

（3）提前设计，以便于其增长。

（4）数据中心的设计应该和其他建筑物采取一样的措施。利用自然光，采用高效照明、感应照明和加热控制，运用电力管理软件来监测和控制能源，减少对环境的影响。

（5）用笔记本电脑，而不是台式电脑，因为笔记本电脑需要的能量更少。

（6）运行笔记本电脑和其他可充电设备时，尽可能使用电池供电，以减少耗电量并延长电池的使用寿命。

（7）选择网络数字存储设备归档文件。网络存储驱动器需要的生产材料较少，却能存储较多的信息，并且能自动配置信息备份，此外，能减少搜索文件的时间，从而减少所需的能量。

（8）使用多功能设备。

5. 让你的办公室/组织变得绿色环保

如果英国的一千万位上班族每个人每一天少用一个订书钉，那么每年可以节省 120t 钢材。

（1）使用数字媒体获取你的信息、日历和任务列表，以及你的通信、电话和电子邮件。

（2）使用生产厂家回收墨水盒或墨粉盒的复印机。大多数制造商在回收旧墨盒时为新墨盒提供折扣。如果他们不这样，就要求折扣或更换制造商！

（3）购买再生纸（或至少购买一部分再生纸）。

（4）使用饮水机，并鼓励使用可重复利用的水瓶。

（5）如果你需要使用纸张，使用正反两面之后再回收。

（6）考虑使用新的可用软件如绿色打印，减少在打印时出现空白，或无空白打印。

（7）另一种回收纸张的方法（或必要时）是粉碎文件。粉碎的文件可用作运输包装材料。

（8）鼓励制定环保政策，如果有必要，自愿领导这项工作。

（9）回收或捐赠旧电脑、手机、数码相机、充电电池和眼镜。老年人中心和受虐妇女收容所是捐赠旧手机的好地方。像威瑞森无线公司（Verizon）和他们的 HopeLine 项目这样的机构为您提供服务；学校是可以捐赠旧电脑和摄影器材的好地方；一些当地的俱乐部和大多数眼镜商接受旧的或不再需要的眼镜，将其再分配。

威瑞森无线公司连续第三年通过其 HopeLine 项目收集了超过 100 万部不再使用的手机。2009 年全年，消费者和企业捐赠了近 110 万部电话。在这些捐款的帮助下，HopeLine 项目将 160 万美元现金用以奖励家庭暴力预防和认识项目，并为全国近 600 个庇护所捐赠了 23000 部电话，并且提供了 69 分钟的免费通话服务。

（10）鼓励你的组织购买符合能源之星标准的设备。

（11）考虑环保包装材料，并鼓励你的供应商使用它们。样例见相关网站。

（12）使用"无针订书机"。绿色文具公司提供格林洛克无钉订书机。在纸上打两个小标签，把它们折起来做成"纸钉"。

（13）考虑不再阅读那些你不经常阅读的杂志，或许你可以从 RSS 阅读器上获得一些重要的文章，这样即节约时间，也能为您提供更新鲜、更有针对性的信息。

（14）用绿色认证检查你为项目和办公室从供应商那儿购买的东西，以确保它们不含挥发性的有机物（VOCs）。

（15）根据自身特定需求，在大卫·铃木（David Suzuki）基金会"自然挑战"找到一些绿色办公室建议。

（16）带动其他人！你可以从简单的项目与你的同事分享这些技巧开始。

6. 让你的项目变得绿色环保

（1）在项目管理工具中添加环境影响因素，如宪章，风险管理，行动计划，或供应商规范。

（2）将环境影响作为决策或项目解决方案的标准。

（3）在项目管理过程每一阶段提出有关环保和可持续性的问题。不仅将绿色思维应用于项目管理技术，也要将绿色思维应用于项目本身的各个方面。

（4）一旦"绿色"思维成为项目 DNA 的一部分，就开始把它应用于项目资源、人事、设备，以及其他需要的材料上。

（5）思考一句古老的项目管理格言"在合适的时间，把合适的人放在合适的位置"。

（6）明确"团队领导者"的身份，并赋予他们权力，同时明确领导人的职责。这样对于你，作为项目经理，就不必对项目人力资源进行微观管理，从而节约您有限的资源。

（7）确保能够清楚地识别任何对项目重要的人——供应商、IT 等，并确保他们在利用"数字"交流方式。

（8）确定即时设备需求与库存比例的风险，这可能使项目管理资源的使用情况有很大的不同。

（9）正如你所提到的，项目所需材料越绿色越好。

（10）设备运输成本和运输方法是资源密集型的。尽可能联合装运，这要求思考什么时候需要什么，并在即时性和库存之间权衡。

（11）如上所述，交通是资源密集型的。另一种尽量减少影响的方式是确保送货车辆在返程时不要空着。这可能需要项目、机构、公司和行业之间的协作。这可能会超出项目经理的权限，但这是一件值得考虑的事。

（12）利用数字媒体进行项目沟通。

7. 让你的团队变得绿色环保

（1）考虑雇佣那些在家工作的自由职业者和分包商。此外，考虑让团队成员远程办公（全日或至少部分时间）。

（2）如果远程办公不是一种选择，那就考虑工作时间灵活化，这样团队成员在非高峰期上下班，节省在路上的时间。

（3）在建设团队时，商讨时间表，并且恰当地选择团队成员，这样就能尽量减少加班时间，降低额外的能源消耗。

（4）针对团队成员的"绿色"工作采取一些激励措施。电影和音乐会门票或其他服务是合适的"绿色"奖励（而不是像 T 恤或纽扣这样的一次性物品），同时这也是一种向团队传达"绿色"信息的并不昂贵的方式。

（5）帮助你的团队在探索频道赞助的网站上找到更多的技巧，网址可参阅相关网站。

（6）在一天结束时让你的团队关闭设备，特别是计算机。尽量拔下插头，避免"幻象电源"，即电视、电脑和充电器（即使不使用时）在电源接通状态下出现的电量消耗的现象。设置计算机，使其在白天不使用时进入休眠状态。

8. 让你的旅行变得绿色环保

（1）不要每天更换酒店床单和毛巾，每隔几天换一次或许更好。

（2）当离开房间时关掉灯、空调、电脑。

（3）尽可能搭乘直达航班。虽然直达航班的花费可能多一点，但它可以节省时间（你的有限资源）。直达航班还可以节省能源，起飞需要大量燃料。

（4）为了节约能源，可以多人共乘一辆车，搭乘公共汽车和班车。

如果两个人共乘一辆车，一加仑汽油所行驶的里程相当于翻倍了；如果三人共乘一辆车，一加仑汽油所行驶的里程相当于是三倍！

9. 让你自己变得绿色环保

（1）自己带午餐而不是出去吃饭。

（2）重新利用打印记录表的空白部分。

（3）使用可洗的物品，如咖啡杯（去星巴克或唐恩都乐餐厅等场所时使用可重复使用的杯子）而不是纸杯和塑料餐具。

（4）让你的孩子节约金钱和资源！绿色津贴计划"招募"你的孩子去帮忙。

（5）网站 RecycleWorks 为个人和家庭提供大量的绿色理念。

参 考 文 献

［1］　Symantec Corporation，Symantec 2009 Worldwide Green IT Report，pressrelease.

第 14 章 资 源 信 息

14.1 我们认为应该阅读或参考的书籍

1）Daniel C. Esty and Andrew S. Winston, *Green to Gold：How Smart Companies Use Environmental Strategy to Innovate，Create Value，and Build Competitive Advantage* （New Haven, CT：Yale University Press，2007）

2）Thomas L. Friedman, *Hot，Flat，and Crowded：Why We Need a Green Revolution—and How It Can Renew America* （New York：Macmillan，2008）

3）Gil Friend, *The Truth about Green Business* （Upper Saddle River，NJ：FT Press，2009）

4）Gary Hirshberg, *Stirring It Up，How to Make Money and Save the World* （New York：Hyperion，2008）

5）Kathy Schwalbe, *Information Technology Project Management*，6th edition （Boston：Course Technology，2010）

14.2 建议阅读的关于生命周期评估资料

1）H. Baumann and A. - M. Tillman, *The Hitch Hiker's Guide to LCA：An Orientation in Life Cycle Assessment Methodology and Application* （Lund，Sweden：Studentlitteratur AB，2004）

2）M. A. Curran （ed.）, *Environmental Life Cycle Assessment* （New York：McGraw - Hill，1996）

3）M. A. Curran, "Human Ecology：Life Cycle Assessment," *Encyclopedia of Ecology*，5 vols. （Oxford：Elsevier，2008）

4）J. Fava，R. Denison，B. Jones，M. A. Curran，B. Vigon，S. Sulke，and J. Barnum （eds.）, *A Technical Framework for Life Cycle Assessments* （Brussels，Belgium：Society of Environmental Toxicology and Chemistry，1990）

5）Daniel Goleman，*Ecological Intelligence*（New York：Broadway Books，2009）

6）J. Guinee（ed.），*Handbook of Life Cycle Assessment：An Operational Guide to the ISO Standards*（Heidelberg：Springer Berlin，2001）

7）R. Horne，T. Grant，and K. Verghese，*Life Cycle Assessment：Principles，Practice and Prospects*（Collingwood，Victoria，Australia：CSIRO，2009）

8）*ISO 14040 Environmental Management—LCA—Principles and Framework*（Geneva，Switzerland：International Standards Organization，2006）

9）U. S. Environmental Protection Agency，*Life Cycle Assessment：Principlesand Practice*，EPA/600/R - 06/060（Washington，DC：EPA，2006）

14.3 协作工具及资源

1）Basecamp

2）Blog posting with a summary of many collaborative project management tools

3）GoogleDocs

4）NING

5）Open WorkBench

6）Planzone

7）PSoda

8）SOSIUS

14.4 提高团队合作可利用的网络媒体资源

参阅相关网站

14.5 部分公司和组织的绿色工作——样本

大多数公司都在通过努力提升自身的绿色度去追随绿色浪潮。我们已经在第11章重点介绍了一些公司，它们是"行业的佼佼者"。这里是我们在研究过程中发现的取得显著进展的组织。此列表是一份样本，当然不是详尽无遗的。

它的目的是为读者提供更多的资源和例子。

苹果公司

美国 CSX 运输公司 CSX（transportation）

DESERTEC 太阳能能源工作

Red Paper：Summary of the project

White Book：65 pages of details on the project

联邦快递公司（FedEx）

盖普公司（The Gap）

通用电气公司

绿色沟通（GreenTouch）——信息技术、电信和学术伙伴的联盟

家得宝公司（Home Depot）

英特飞公司

也可以浏览英特飞公司非营利可持续发展社区：

美国利宝互助保险公司（Liberty Mutual Insurance Company）

里昂比恩公司（L. L. Bean）

美国梅西百货公司（Macy's）

国家资源保护委员会 Smart 公司（National Resource Defense Council's Smart Companies）

国家科学基金会

巴塔哥尼亚公司

宝洁（Procter and Gamble）公司（视频）

新罕布什尔州的公共服务（Public Service of New Hampshire）

嘉康利公司

2010 年启动的电信/计算机行业的工作——绿色沟通（GreenTouch）

马萨诸塞大学阿默斯特分校（University of Massachusetts - Amherst）

更多与马萨诸塞大学绿色工作有关的信息见相关网站

沃尔玛（Walmart）

14.6　值得访问和浏览的网站

可降解产品和包装

儿童废品回收店——从企业回收安全的废物并将之作为一种低成本、创造性的资源再利用，也回收纸张、卡片、泡沫、塑料罐、管、筒、网、织物、书籍和光盘。

基于发展可再生能源和提高能源利用效率国家激励政策的数据库

环保产品

环境保护局（美国）采购

温室气体排放

气候变化合作伙伴

欧洲环境署

（尤其要浏览它们的多媒体部分，请特别观看一段视频"One Degree Mat-ters"）

关于全球公共采购影响的统计数据

地球之友

全球以绿色为重点的救助

绿色数据中心

环境研究所 GREENGUARD

绿色就业

国际标准化组织

精益

能源和环境设计领导力：LEED 认证是衡量建筑物可持续性的公认标准。获得认证是公司证明其建筑项目为"绿色"的一种方式。评级系统由一家位于华盛顿特区的非营利组织——美国绿色建筑委员会管理，该组织基于建筑行业领袖联盟。与绿色项目管理一样，LEED 认证的目的是鼓励绿色建筑的运用，以增加利润。例如，在设计和建造中采用节能方案能减少对环境的负面影响，也能改善员工的健康和福利。

美国国家资源保护委员会

美国绿色商业委员会

14.7 生命周期评估软件

多个供应商提供可以进行 LCA 并生成相应报告的软件和咨询。如下述列表，这份表不是详尽无遗的，也不意味着任何形式的认可。但是我们提供它作为参考，因为这些都是很好的关于生命周期思维和生命周期评价的信息来源。

碳管理自我评估工具（CAMSAT）：CAMSAT 提供了一种简单的方法，评估公司应对气候变化的内部体系质量。该工具包括 23 道多项选择题，其结果是一个总体得分，以及关于如何在确定的风险和机遇范围内改进碳管理的建议。CAMSAT 适用于所有对维护或加强其环境声誉有兴趣的公司，或是那些业务可

185

能受到旨在减少人为气候变化政策影响的公司。该工具将与以下公司直接相关：联合国全球契约；富时社会责任；琼斯可持续发展指数；世界可持续发展工商理事会（WBCSD）成员；赤道集团。

运行于微软 Excel 的免费工具见相关网站。

Ecoinvent：瑞士 Einvent 数据库拥有超过 2500 个流程（也有许多与生物能源系统有关），它也可以导入。Ecoinvent 数据包含关于能源供应的国际工业生命周期清单数据、资源提取、材料供应、化工、金属、农业、废物管理服务及运输服务等数据。

ERGO：该模型用于估算生物能源系统的能源和排放预算。ERGO 最初是在 20 世纪 90 年代早期发展起来的，其主要的目标是从短期的矮林系统估算生物能源生产的能源和碳预算。其次要目标也很重要，即提供一种可以直接、一致和公平地比较不同生物能源生产系统的工具。

FAIR2.0：评估国际制度的框架（Framework to Assess International Regimes，以下简称 FAIR），以区分未来的承诺（气候、碳排放分配和成本模型），它提供了对《京都协定书》在环境有效性和经济成本方面的评估。FAIR 模型包括三个相互关联的模型：

（1）气候模型：根据全球基准排放预测和排放概况之间的差异，计算全球排放概况的气候影响，并确定全球减排目标。

（2）排放量分配模型：在全球减排目标的框架内，计算不同气候条件下未来承诺的区域排放目标。

（3）成本模型：利用这些不同气候条件下的排放目标计算每个区域的减排成本，并利用灵活的《京都议定书》机制，采用成本最低的方法将全球减排目标分配到不同的区域、不同气体和不同部门。

欲了解更多信息，可浏览相关网站。

GABI：P. E 国际可持续性分析工具和数据库系列。

GRAZ/Oak Ridge 碳核算模型（GORCAM）：该模型为 Excel 电子表格模型，用于计算与土地利用、土地利用变化、生物能源和林业项目相关的大气中碳的净通量。

IEA 生物能源：生物能源国际合作。

KCL 生态数据：芬兰联合政府和工业（KCl，Espoo）开发，用于评价环境产品和服务。"KCL 生态数据"是一个不断更新的 LCI 数据库，主要用于与林产品相关的生命周期清单计算。它包含近 300 个数据模块，例如，能源生产，纸浆和造纸化学品，云杉、松树和桦树、造纸和纸板厂的木材生长和收割操作。更多细节见相关网站。该工具包括不确定性分析，但不包含成本参数。

美国国家可再生能源实验室（NREL）：NREL 和它的合作伙伴创建了美国生命周期清单（LCI）数据库，帮助生命周期评价（LCA）专家回答与环境影响有关的问题。该数据库提供了与生产材料、组件或装配件相关的进出环境的能源和材料从摇篮到坟墓的统计。LCI 数据库是公开的数据库，允许用户客观地审查和比较分析基于类似数据收集和分析方法得到的结果。

可再生能源技术项目分析（RETScreen）：加拿大政府的 RETScreen 国际清洁能源项目分析软件是一种独特的决策支持工具，由来自政府、行业和学术界的众多专家共同开发。该软件免费提供，可在全球范围内用于评估各种节能和可再生能源技术（RET）的能源生产、生命周期成本和温室气体减排。如需下载免费软件和其他相关工具，请访问相关网站。

SimaPro：目前由荷兰阿默斯福特普瑞咨询公司销售 5.1 版。它是一个计算机化的 LCA 工具，用于收集、分析和监控产品和服务的环境信息，具有综合数据库和影响评估程序[1]，每一个步骤都是清晰的，并且这个流程树可以用来显示结果，透明度高，因为计算显示在每个流程框旁边。可以在不同尺度下查看生命周期的各部分，并显示它们对总成绩的贡献。包含了功能单元的定义和敏感性分析。Simapro 没有计算成本的功能。Simapro 透明度有所降低，因为算法在清单结果编译中不是很明显，分配和参考系统的结合也不清楚。

可持续发展的思想：软件即服务。结合生态设计和生命周期评价（LCA），按照需求提供基于网络的软件服务。他们的任务是采用容易理解的、授权的和可靠的方法将环境可持续性引入主流产品的开发和制造中。

Team：Team 是 Ecobilan 强大而灵活的生命周期评价软件。它允许用户创建和使用大型数据库，并为与产品、过程和活动相关联的操作的任何系统建立模型。该软件使用户能够描述任何工业系统，并根据 IOS 14040 系列标准计算相关的生命周期清单和潜在的环境影响。

Umberto：该软件由德国（汉堡和海德堡）开发，允许用户评估产品的材料和能量流动。为了便于评估，Umberto 提供模块库，其中包含许多通用上游和下游流程（包括 Ecoinvent 数据）的大量数据集。这些数据考虑所有相关的流动，使 Umberto 能够提供从原材料提取到废物处理的整个过程的可视化。这可以用来分析各种情况并确定最佳和最具生态敏感性的生产过程。更多信息请参阅相关网站。

自然母亲网络（Mother Nature Network）

自然之道（The Natural Step）

可回收的长筒靴（我们的经济或生活方式的任何部分都离不开可持续性——对渔民而言，回收的涉水靴制成的产品都是可持续性的）

14.8 为绿色项目经理提供的其他工具和资源

General Management Podcasts for PMs（项目经理常用管理播客）

Manger Tools（管理工具）

The Cranky Middle Manager（中层管理者）

The PM Podcast（项目经理播客）

Green Social Networking（绿色社交网络）

facebook

Gantthead Interest Group

Linkedin

missionzero

Twitter

Interview with the Authors of This Book（采访本书作者）

Podcasts with the Authors of This Book（播客与本书的作者）

Structured Decision Making（结构化决策）

Theory of Constraints（约束理论）

注：每一章的参考文献中也提供了很多引导读者进一步阅读的信息。

参 考 文 献

[1] M. Goedkoop and M. Oele，*Introduction into LCA methodology and practice with Sima-Pro 5*，PRé Consultants，Amersfoort，2002.